湖北省学术著作 出版专项资金
Hubei Special Funds for Academic Publications

"十三五"湖北省重点图书出版规划项目

地球空间信息学前沿丛书　丛书主编　宁津生

近岸/内陆水环境
定量遥感时空谱研究及应用

李　建　陈晓玲　田礼乔　编著

WUHAN UNIVERSITY PRESS
武汉大学出版社

图书在版编目(CIP)数据

近岸/内陆水环境定量遥感时空谱研究及应用/李建,陈晓玲,田礼乔编著.—武汉:武汉大学出版社,2018.1
地球空间信息学前沿丛书/宁津生主编
湖北省学术著作出版专项资金 "十三五"湖北省重点图书出版规划项目
ISBN 978-7-307-19321-5

Ⅰ.近… Ⅱ.①李… ②陈… ③田… Ⅲ.水环境—环境遥感—研究—中国 Ⅳ.X143

中国版本图书馆 CIP 数据核字(2017)第 330256 号

责任编辑:王金龙 谢文涛　　责任校对:李孟潇　　版式设计:马 佳

出版发行:**武汉大学出版社** (430072 武昌 珞珈山)
(电子邮件:cbs22@whu.edu.cn 网址:www.wdp.com.cn)
印刷:虎彩印艺股份有限公司
开本:787×1092 1/16 印张:8.5 字数:199 千字 插页:2
版次:2018 年 1 月第 1 版 2018 年 1 月第 1 次印刷
ISBN 978-7-307-19321-5 定价:40.00 元

李 建

男，讲师。2015年毕业于武汉大学测绘遥感信息工程国家重点实验室，获理学博士学位。主要从事水环境定量遥感、多源时序遥感数据时空统计及应用、传感器辐射特性等研究。目前已在 ISPRS Journal of Photogrammetry and Remote Sensing, Optics Express, International Journal of Remote Sensing等遥感科学领域SCI期刊上发表论文10余篇。申请国家发明专利3项，软件著作权授权5项。

联系方式：027-68779233；

lijian@whu.edu.cn

前　言

　　近岸水体和内陆湖泊区域承载着全球超过 70 % 的人类活动。随着全球气候变化及人类活动的加剧，近岸和内陆湖泊水体面临着水质下降和富营养化等一系列水环境问题。卫星遥感作为一种长时间和大范围的水环境监测手段，在海洋环境监测中已经得到了成功应用。然而，由于近岸/内陆湖泊水体面积相对较小，光学特性较复杂，水环境变异时空尺度较高，对卫星传感器的时间、空间、辐射分辨率都有着较高的要求，致使近岸/内陆湖泊水环境卫星定量遥感研究很难取得突破性进展。传统的水色传感器虽然在光谱分辨率以及信噪比等方面具有极大的优势，但空间分辨率普遍不高，时间分辨率受到卫星重访周期以及天气因素的限制，因此传统的水色传感器在近岸/内陆湖泊水体水环境监测中的实际应用仍较为有限。同时在多源遥感数据水环境监测的背景下，传感器辐射特性的不一致性和时序的不稳定性导致水环境定量遥感监测仍面临较大挑战。本书针对近岸/内陆湖泊水环境定量遥感应用中的关键问题，包括高动态水环境监测对空间尺度-时间尺度-辐射特性的定量化需求开展研究，涵盖多源遥感数据源、数据/产品一致性、多源遥感数据定量应用等。

　　全书共分 7 章。第 1 章为绪论，介绍了水环境及水环境定量遥感的发展现状和关键问题，提出了本书的主要章节内容。第 2 章介绍了目前常用的水环境遥感观测平台和现场观测仪器、观测方法等。第 3 章重点阐述了水环境定量遥感的关键辐射指标，包括信噪比、辐射灵敏性、辐射不确定等问题。第 4 章针对水环境监测的时间尺度问题，利用高频次的现场观测和同步卫星观测手段进行了论述。第 5 章针对水环境监测的空间尺度问题，包括空间变异尺度、多源多尺度遥感数据空间尺度误差及校正进行了阐述。第 6 章介绍了利用多源遥感数据进行水环境定量遥感监测的关键辐射技术问题，包括辐射不一致性和辐射不稳定性校正等。第 7 章为本书的总结以及展望。

　　本科研项目获得国家自然科学基金（41701379，41571344）、国家重点研发计划项目（2016YFC0200900）、高分辨率对地观测系统重大专项（41-Y20A31-9003-15/17）、测绘遥感信息工程国家重点实验室专项经费资助；国家重点研发计划青年项目（2016YFC0200900）、国家重点研发计划资助（2016YFB0502603）；湖北省自然科学基金（2016CFB244）、中央高校基本科研业务费专项资金资助。在此一并表示感谢！

作　者
2017 年 11 月

目　录

第1章　绪论 ··· 1

1.1　中国近岸/内陆水环境问题 ·· 1

1.2　水环境遥感的发展 ··· 2

　1.2.1　多源传感器辐射稳定性和一致性研究进展 ······················· 2

　1.2.2　近岸/内陆水环境遥感时空分辨率研究进展 ······················ 4

1.3　近岸/内陆水环境定量遥感问题 ··· 6

第2章　水环境观测平台 ··· 8

2.1　多源遥感观测平台 ··· 8

　2.1.1　Terra/Aqua MODIS 传感器 ··· 8

　2.1.2　ENVISAT-1 MERIS 传感器 ··· 10

　2.1.3　CMOS GOCI 传感器 ·· 12

　2.1.4　Landsat TM/ETM+/OLI 传感器 ·································· 15

　2.1.5　HJ-1A/1B CCD 传感器 ··· 16

　2.1.6　GF 系列卫星 ··· 18

2.2　现场观测 ·· 21

　2.2.1　光谱观测 ··· 21

　2.2.2　水体透明度 ·· 22

　2.2.3　总悬浮物 ··· 23

　2.2.4　叶绿素 a ·· 23

　2.2.5　总氮、总磷 ·· 23

　2.2.6　CDOM 吸收系数 ·· 23

第3章　水环境定量遥感辐射特性 ·· 24

3.1　传感器辐射参数 ··· 24

　3.1.1　常用传感器辐射特性 ··· 24

　3.1.2　水环境定量监测辐射灵敏性分析 ··································· 27

3.2　信噪比需求分析 ··· 28

　3.2.1　基于 Hydrolight 的 I 类水体遥感反射率光谱模拟 ············· 29

　3.2.2　Modtran 天顶辐射亮度模拟 ·· 29

3.2.3 光谱积分 ··· 30

3.2.4 信噪比计算 ··· 30

3.2.5 不同叶绿素浓度下的水体光谱模拟结果与分析 ········· 30

3.2.6 天顶辐射亮度曲线模拟结果 ······························· 31

3.3 辐射不确定性影响 ··· 35

3.3.1 传感器辐射定标特性对水环境定量遥感影响研究 ······· 35

3.3.2 辐射不确定性对水环境定量遥感影响分析 ··············· 35

3.3.3 辐射不稳定性对水环境定量遥感影响分析 ··············· 36

3.4 本章小结 ··· 38

第4章 水环境定量遥感时间尺度 ·· 40

4.1 基于自动浮标系统的典型内陆水体——鄱阳湖水环境变异时间尺度研究······· 40

4.1.1 研究思路与设计 ··· 40

4.1.2 水环境高动态变化特性 ······································· 42

4.1.3 水环境关键参数时间尺度分析 ······························ 45

4.1.4 水环境关键参数时间尺度变化对定量遥感影响研究 ···· 47

4.2 基于高频次地球同步卫星 GOCI 数据的近岸水环境时间尺度研究 ······· 53

4.2.1 GOCI 数据处理与分析 ·· 53

4.2.2 近岸水环境要素观测误差与策略分析 ····················· 55

4.3 本章小结 ··· 62

第5章 水环境定量遥感空间尺度 ·· 64

5.1 典型水环境参数空间尺度研究的理论基础 ························· 64

5.2 典型水环境参数空间尺度变化分析 ································· 66

5.2.1 研究区域与数据 ··· 66

5.2.2 空间尺度分析 ·· 68

5.3 典型水环境参数空间尺度差异对定量遥感影响的研究 ··········· 72

5.3.1 尺度误差分析理论 ··· 73

5.3.2 近岸/内陆典型水环境空间尺度误差 ······················ 74

5.4 近岸/内陆典型水环境空间尺度校正 ································· 79

5.5 本章小结 ··· 91

第6章 水环境定量遥感多源数据应用 ······································· 93

6.1 交叉辐射定标原理 ··· 94

6.2 基于时序 MODIS 数据的国产卫星辐射定标 ······················ 95

6.3 多源传感器辐射数据和产品一致性研究 ····························· 106

6.4 本章小结 ··· 112

第 7 章　结语 ··· 113

7.1　总结 ··· 113

7.2　展望 ··· 115

参考文献 ··· 117

第1章　绪　　论

1.1　中国近岸/内陆水环境问题

　　海岸带和内陆湖泊区域承载着全球超过 70 % 的人类活动。但是，随着全球气候变化及人类活动的加剧，海岸带水环境面临水质下降和富营养化等一系列问题，内陆湖泊正经历剧烈变化，面积萎缩、水质恶化、生态环境遭受严重破坏、湖泊功能和效益不断下降等一系列问题日益凸显。

　　卫星遥感具有大尺度、周期性、快速同步获取水体信息的优点，其对大范围水质动态分布与变化的有效监测，有助于弥补常规观测方法的不足。因此，作为一种大面积水环境生态监测的快捷手段，水色遥感在针对海洋及海岸带水体的研究时已经被广泛地利用。由于内陆湖泊面积相对较小，水环境状况复杂，对卫星遥感传感器的时间、空间、光谱、辐射分辨率都有着较高的要求，致使内陆湖泊水环境卫星定量遥感研究很难取得突破性进展。但随着卫星遥感传感器技术的迅猛发展，湖泊水色定量遥感研究逐步成为国内外湖泊研究的前沿与热点。

　　自 19 世纪 70 年代以来，随着水色遥感传感器的技术发展，海洋水色遥感逐渐受到国内外的广泛关注，并在理论研究、科学应用、技术进步等环节得到了持续的链式发展，并基本实现了大洋 I 类水体水色遥感的业务化应用。在水色卫星遥感传感器发展方面，自 1978 年第一颗装载有海岸带水色扫描仪（Coastal Zone Color Scanner, CZCS, 1978—1986）的水色卫星由美国国家宇航局（NASA）发射并得到成功应用以来（Gordon et al., 1983），水色遥感在海洋环境监测等方面的应用越来越广泛，海洋水色遥感进入快速发展阶段，一大批先进的水色遥感传感器被搭载在了卫星平台上，包括美国的 the Sea-viewing Wide Field-of-view Sensor（SeaWiFS, 1997—2010）（O'Reilly et al., 1998）, the Moderate Resolution Imaging Spectroradiometer（Terra/Aqua MODIS, 1999—present）（Esaias et al., 1998），欧空局的 the Medium Resolution Imaging Spectrometer（MERIS, 2002—2012）（Antoine and Morel, 1999）。随着对地观测技术的不断发展和进步，以及水色遥感科学和应用的提高与推动，一批新增的国外先进的海洋水色遥感传感器也在陆续规划与发射之中，主要有可见光红外成像辐射仪（Visible Infrared Imager Radiometer Suite, VIIRS）（Lee et al., 2006）、第二代海洋水色监视仪（Ocean Colour Monitor, OCM-2）（Barre, Duesmann and Kerr, 2008）、地球静止海洋水色成像仪（Geostationary Ocean Color Imager,

GOCI）（Ryu et al.，2012）、海洋和陆地颜色仪（Ocean and Land Color Inst rument，OLCI）
（Aschbacher and Milagro-Pérez，2012）。这些新型的水色遥感传感器有效延续了传统的水
色遥感监测能力，并进一步提高了水色遥感传感器的辐射、空间和时间等分辨能力。我国
的首颗海洋卫星 HY-1A 于 2002 年 5 月成功发射，标志着我国海洋遥感的新纪元。近几
年，我国发射的 HY-1B 等，同时规划了海洋动力环境（海洋二号，HY-2）卫星、海洋雷
达（海洋三号，HY-3）卫星三个系列发展我国的海洋卫星，进一步丰富了我国水色遥感
的数据源。

　　然而相比于传统的海洋遥感，湖泊、河口面积相对较小，时空动态变化频次较高，传
统的海洋水色遥感传感器虽然在光谱分辨率以及信噪比等方面具有极大的优势，但空间分
辨率普遍不高，时间分辨率受到卫星重访周期以及天气因素的限制，故传统的水色遥感传
感器在近岸/内陆水体水环境监测中的实际应用仍较为有限。因此，针对湖泊、河口水色/
水质遥感，陆地卫星多光谱遥感传感器也得到了应用，如 Landsat TM/ETM+、SPOT HRV、
CBERS CCD、EO-1 ASTER、HJ-1 CCD 等。这些卫星遥感传感器虽具有较高的空间分辨率
（20～30 m），但时间分辨率较低（4～30 d），很难及时监测高动态水体的污染，对整个水
质时空动态过程不能形成有效监测，实用性受到很大的限制（马荣华，唐军武和段洪涛，
2009）。因此，选择具有高时间分辨率和高空间分辨率的光学传感器，实现多源卫星遥感
数据的优势互补，将有效提高湖泊、河口水质遥感监测的能力和水平。

1.2　水环境遥感的发展

1.2.1　多源传感器辐射稳定性和一致性研究进展

　　多源、长时序的遥感观测数据已经得到了不同领域越来越广泛的关注和应用。然而，
定量遥感应用的关键前端问题之一是不同遥感传感器之间辐射特性差异，以及不同时刻观
测遥感传感器辐射响应衰减引起的辐射信号不一致，从而引起下游产品的不一致甚至时间
趋势错误的问题（DeVisser and Messina，2013；Chander et al.，2013；Wang et al.，
2012）。尤其是水体区域作为一种暗目标信号，其有效辐射信号（离水辐亮度）仅占传感
器总信号的 10 % 左右（大洋 I 类水体）（唐军武等，2006），因此水色遥感定量应用更需
要精确的传感器辐射定标或辐射不一致性误差控制（Zibordi et al.，2015）。目前针对陆地
遥感应用的辐射一致性研究方法已经比较成熟，尤其是针对国外成熟应用的卫星遥感传感
器，如 MODIS, AVHRR, Landsat 系列等（DeVisser and Messina，2013；Campbell et al.，
2013；Angal et al.，2013；Markham and Helder，2012；Latifovic, Pouliot and Dillabaugh，
2012；Chander and Groeneveld，2009）。随着中国卫星技术的快速发展，近年来成功发射
运行了多颗对地观测卫星，包括 CERBS, HJ-1A/B, ZY 和 GF 等系列卫星（Xu, Gong
and Wang，2014），大大提高了国产卫星在各个对地观测领域的应用（Chen et al.，2013；
Yu et al.，2012）。然而国产卫星普遍缺少星上定标装置，且发射前基于标准灯或积分球

的实验室定标一般精度较差，特别是在蓝波段，标准源的亮度很低。另外，星载遥感传感器存在不同程度的通道衰减。因此，遥感器发射后，如何能准确地对遥感传感器系统进行辐射定标一直是困扰我国遥感定量化应用的难题之一。目前已有的针对国产卫星辐射定标的研究，多针对单一传感器、单一时刻的辐射响应研究，相对于国外已经较为成熟且可业务化应用的辐射定标技术，国产卫星的辐射一致性研究仍处于起步阶段。

目前常用的卫星遥感传感器定标方法包括发射前的实验室定标（preflight calibration）和在轨辐射定标（onboard calibration）两大类方法（Dinguirard and Slater, 1999），其中在轨辐射定标包括星上定标、场地替代辐射定标以及交叉定标三种方法（Teillet et al., 1990）。发射前定标是一种在实验室理想状态下，对传感器的辐射响应基于积分球或标准灯进行标定，但其精度较差，尤其在蓝光波段，标准光源的不稳定性严重限制了其定标系数的准确性（Hlaing et al., 2014）；并且在传感器发射及卫星在轨运行过程中辐射特性会随环境的变化和时间的推移而发生变化。因此，在轨辐射定标方法对于传感器辐射稳定性监测和定量遥感应用具有重要的意义。例如，基于高亮辐射场地替代辐射定标方法已成功地应用于 Landsat-4、5/TM（Thome, 2001），EO-1 传感器（Biggar, Thome and Wisniewski, 2003），SeaWiFS（Barnes and Zalewski, 2003），NOAA-9、10、11/AVHRR（Loeb, 1997；Koslowsky, 1997；Teillet et al., 1990）；交叉定标方法采用一个辐射精度较高的传感器作为参考传感器，在保证两个或多个传感器在同样的观测条件下观测同一目标地物时，使用定标结果精度高的卫星遥感传感器来标定待标定的传感器，以提高待标定传感器的辐射精度。例如，基于沙漠定标场使用高辐射精度的 MODIS 对 NOAA16 AVHRR 进行交叉定标（Vermote and Saleous, 2006），使用 Landsat 7 ETM+ 对多种其他传感器如 Landsat-5 TM（Thome et al., 2004）、EO-1 ALI（Chander, Meyer and Helder, 2004）、ResourceSat-1 AwiFS（Goward et al., 2012）和 HJ-1 CCD（Bo et al., 2014）等进行交叉定标。

虽然针对陆地目标的辐射定标技术已经非常成熟并得到了广泛的应用，但是水体区域作为一种暗目标信号，其有效辐射信号仅占传感器总信号的 10 % 左右，因此其对定标精度的要求更高（IOCCG, 2013）。在针对水体目标的传感器交叉定标方法研究上，近几年国内外相关学者进行了一些尝试：如利用 SeaWiFS、MODIS 等高精度水色传感器对 Landsat-7 ETM+ 进行了交叉定标，并实现了利用 SeaWiFS、MODIS 大气参数辅助 ETM+ 的大气校正以获取水色参数反演结果（Hu et al., 2001）；Nima Pahlevan 选取清洁水体区域，评估了 Landsat-7 ETM+ 和 Terra/MODIS 数据在水环境定量应用中的一致性（Pahlevan and Schott, 2012）；Nima Pahlevan 等为提高新型传感器 OLI（Landsat-8）在水体目标的辐射精度，采用高精度的 MODIS/Aqua 和 the VIIRS/SNPP 传感器，结合 the Ocean Color AErosol RObotic NETwork（AERONETOC）实测的气溶胶等辅助信息，将不同传感器之间的辐射差异控制在 2 % 以内（Pahlevan, Lee, Wei et al., 2014）。我国针对水体目标进行的不同传感器间交叉定标研究起步较晚：针对第一颗海洋卫星 HY-1A 上的 COCTS 传感器在陆地场辐射校正的基础上，初步尝试了利用 SeaWiFS 对其进行交叉定标（Pan, He, and Zhu, 2004；Jiang et al., 2005）；唐军武等利用高精度的 MODIS 数据对中巴地球资源卫星 02 星（CBERS-02）CCD 相机进行了交叉辐射定标，取得了较好的效果（唐军武 et al., 2006）。

而到目前为止 HJ-1 卫星 CCD 水环境应用的定标研究还很少出现，尤其是针对长时序多源数据的辐射一致性和稳定性的研究还较缺乏。

在水环境遥感数据长时序辐射一致性和稳定性研究方面，当前的研究重点多以 MODIS 时序数据作为参考基准，评估校正其他传感器的辐射数据质量。例如，Hlaing 等采用此策略评价了 VIIRS 数据在水色遥感中的应用能力（Hlaing et al.，2013）；Hu 等以 MODIS 数据为参考，定量分析了 VIIRS 数据在水色遥感观测的延续性和一致性（Hu and Le，2014）；Barnes 采用长时序的 Landsat 和 MODIS 数据，在一致性分析的基础上，实现了 Florida Keys 的自 20 世纪 80 年代以来的水环境时空变化监测，为多源遥感数据长时序水环境应用提供了示范（Barnes et al.，2014）。

在气候变化和人类活动影响的背景下，水环境的变化是一个长期的、动态的过程（Olmanson，Bauer，and Brezonik，2008），因此对水环境的遥感监测不可避免地需要多个遥感平台、多种遥感数据源协同实现。如何有效提高国产传感器系统的定标水平是影响国产遥感数据国际化推广和应用的关键问题之一，尤其是针对水色定量遥感领域，如何有效地评价国产遥感数据与国际一流遥感传感器之间的辐射一致性，对于推进我国定量遥感的基础研究具有重要的意义。

1.2.2 近岸/内陆水环境遥感时空分辨率研究进展

水环境遥感时空分辨率是伴随着水环境时空变异尺度产生的，其对应了水环境遥感监测的两个关键问题：①采用何种空间尺度/空间分辨率可以最优地表征水环境的空间变化信息；②最佳的时间分辨率（观测频次和观测时刻）如何确定。遥感的尺度问题是伴随着地表的空间异质性产生的，"美国地理遥感之父" Simonett 教授在 1970 年代末期，就指出"尺度问题是遥感科学的核心问题"（李小文和王祎婷，2013）。根据地学现象的尺度本身出发选择最佳空间分辨率（optimal scale）的遥感数据，研究不同遥感影像空间分辨率之间的定量对应关系，是非常有现实意义的。目前已有的最优尺度选择方法主要包括基于局部方差的方法（Woodcock，Strahler and Jupp，1988；Woodcock and Strahler，1987）、基于变异函数（Variogram）的方法（Atkinson and Curran，1997；Atkinson and Curran，1995）。且目前的尺度效应研究领域多集中于陆表生态过程遥感监测，如土壤水分变化（Entin et al.，2000）、植被生长状况（Stellmes et al.，2010）、土地利用/土地变化（Ju，Gopal and Kolaczyk，2005）、森林生态系统监测（Treitz and Howarth，2000）等。而水环境定量遥感监测中的尺度效应目前还鲜有研究。水环境物理及生物化学过程发生的空间尺度从千米到毫米级不等（Bissett et al.，2004），而时间尺度则跨越小时到月、年甚至更长（图 1-1）。遥感监测必须能够有效地捕捉到典型水环境要素（如叶绿素，悬浮物浓度，黄色物质等）的时空变异信息，尤其是针对近岸及内陆湖泊区域，水体环境变化剧烈，亟须有效地平衡监测需求与传感器发展的技术、资金等限制（Aurin，Mannino and Franz，2013；Olmanson，Brezonik and Bauer，2011；Davis et al.，2007），其基础研究在于考虑水环境信息时空变化尺度的最优化的时间、空间分辨率以及空间覆盖范围。而前已有的水环境遥感监测研究多集中于水色参数的各类反演算法，而针对时空尺度的研究还较为鲜见。

Lee 等（Lee，Hu et al.，2012）研究了亚像元级变化对水色产品的影响，认为由于空间分辨率的降低，引起了对水环境遥感产品的低估。Doney 等（Doney et al.，2003）以 Seawifs 水色遥感产品为基础，分析了大范围尺度的水环境要素空间格局与尺度；Saulquin 等（Saulquin，Gohin and Garrello，2011）则以空间变异研究为基础，开发了一种多空间分辨率水色遥感数据融合方法。

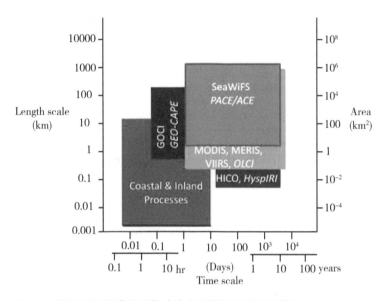

图 1-1　遥感时空分辨率与近岸/内陆水环境变化过程尺度差异（Mouw et al.）

在遥感时间尺度研究方面，国际水色协调组织（International Ocean Colour Coordinating Group，IOCCG）推荐针对典型的内陆湖泊和近岸高动态水体，水色遥感卫星的时间尺度/重访周期至少需要每天一次（IOCCG，2000）。但是受到云、天气等因素的影响，当前情况下，单颗水色卫星一天的空间覆盖范围仅为整个大洋的 15 %，重复观测 4 天仍仅能覆盖整个大洋的 40 %（IOCCG，1999）。在鄱阳湖已有的研究也证明，针对单颗 Terra/MODIS 或者 Aqua/MODIS，其时间覆盖比率最低在 10 %（每月），尤其是在雨季受天气影响非常严重（图 1-2）。然而根据已有的研究，近岸和内陆水环境存在典型的日内变异特征。Lee 等人使用地球同步卫星 GOCI 的高频次观测结果表明，太湖的浮游植物和生物量存在典型的日内变化，传统的极轨水色卫星如 MODIS 无法满足对其动态特征的捕捉（Lee，Jiang et al.，2012），Lou 等人针对中国东海的监测分析也论证了类似的结论（Lou and Hu，2014）。同样，对水体浑浊度（turbidity）和透光层深度（light attenuation）的分析结果也表明了显著的日内动态变化的特征，传统的现场采样和水色遥感卫星监测这种高动态变化的能力十分有限（He et al.，2013；Neukermans，Ruddick and Greenwood，2012）。因此，地球同步静止卫星的高频次观测的能力越来越受到水色遥感的关注，IOCCG 也将同步地球卫星的需求和发展计划列入了水色遥感报告的关键问题（IOCCG，2012，2013）。随着全球第一颗地球同步水色卫星——韩国 Geostationary Ocean Color

Imager（GOCI，Korea，2010—present）（Choi et al.，2012）的成功发射和有效应用，以及欧空局同步气象卫星 Spinning Enhanced Visible and Infrared Imager（SEVII，ESA，2012—present）在水环境监测中的研究（Vanhellemont，Neukermans and Ruddick，2014），地球同步卫星的高频次观测的能力及水环境监测的需求，促进了各国对区域性同步卫星的发展。美国的沿海和空气污染地球静止卫星探测项目 the Geostationary Coastal and Air Pollution Events（GEO-CAPE，NASA，in preparation）（Pahlevan，Lee，Hu et al.，2014）已列入 NASA 发射规划之中，以提高对沿海大气和水环境的监测能力。我国也已将高分辨率对地观测工程列为国家中长期科技发展规划中的 16 个重大发展专项之一，已于 2015 年 12 月实现高时空频次的对地环境监测（https：//directory.eoportal.org/web/eoportal/satellite-missions/g/gaofen-1）。

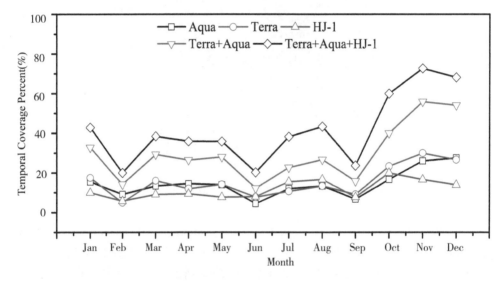

图 1-2　鄱阳湖卫星有效时间覆盖率统计

综上所述，虽然时空尺度研究在水环境定量遥感领域得到了初步开展，但仍缺乏系统性的水环境定量遥感最优化时空尺度分析研究，以及不同空间尺度定量遥感数据和产品的转换为误差分析研究，尤其是针对高动态的近岸/内陆水环境应用，随着多源遥感传感器的快速发展，亟须开展该领域的深入探索。

1.3　近岸/内陆水环境定量遥感问题

多源卫星遥感数据的爆发式增长，为海岸带及河口、湖泊水环境监测提供了空前的应用潜力。多源传感器数据的综合互补弥补了单一传感器可能存在的时间分辨率、空间分辨率或光谱分辨率的不足。湖泊、河口水环境定量遥感监测由于受多重因素的综合影响，表现出高度的时空异质特点，同时，由于水体光学特性复杂，辐射信号传输过程受大气、陆表信号影响严重，因此传统的水色遥感应用受到了极大的限制。根据 IOCCG 的最新报告，1000 m 的空间分辨率遥感数据可以满足全球尺度的海洋水色应用，但是考虑到区域性的海岸带及内陆湖泊的水环境定量监测，推荐采用空间分辨率优于 50 m 的遥感数据，同时推荐多源传感器的综合时间分辨率约为 0.2 d，以及典型水环境参数（如叶绿素 Chla、悬浮颗粒物 TSS、黄色物质 CDOM 等）的光敏感波段配置。然而，较高的时间、空间和光谱分辨率需求同时受到传感器硬件配置的限制，针对典型的内陆湖泊及近岸水环境三要素时空变异特点及定量监测的需求，如何有效地平衡传感器时空分辨率配置与近岸/内陆水色定量遥感的应用需求是新一代水色传感器发展的根本问题之一，也是本书的出发点之一。

同时，在多源遥感数据水环境监测的背景下，由于多个传感器、多时相、长时序水环境监测的应用需求，会引起由于传感器辐射特性的不一致性和不稳定性导致的水色遥感数据和产品的精度问题，其包括两个方面：①由于不同传感器辐射特性的差异，即使在观测同一目标地物时，不同传感器观测由于波谱响应函数、中心波长、观测几何、信噪比等内在因素引起的辐射信号差异；②即使对于同一个传感器，仪器辐射响应水平会随着在轨运行时间而衰减，因此，同一传感器在不同时刻的辐射不一致性同样会引起水环境定量产品应用的时序不一致性。尤其是对于水体目标，其作为一种低辐射强度信号，传感器辐射特性的差异或者不稳定会带来量级倍的水体像元信号（如归一化离水辐亮度、遥感反射率等）定量反演的误差。因此，本书的第三个目标是针对多源传感器数据以及长时序遥感观测数据，尤其是针对国产陆地观测卫星（多缺乏星上定标系统），分析其辐射特性的差异，定量获取传感器时序衰减参数，校正多源传感器长时序水环境定量遥感应用数据和产品的一致性。

第2章 水环境观测平台

水环境的变化和监测是动态、连续和持续的过程。然而，单一的监测手段（如实地考察，单一的遥感卫星观测等）受到时空分辨率、云雨天气等的影响，严重限制了其对水环境变化过程的高时空动态捕捉能力。因此，针对典型近岸/内陆水环境高动态变化特征，选择覆盖多种空间、时间和光谱分辨率的遥感数据，结合传统走航观测数据等，实现对水环境典型要素的协同监测，对于发展多源数据一体化的观测体系和思路具有借鉴意义。本章着重介绍水环境遥感监测常用的平台和手段，包括多源卫星遥感监测平台以及现场观测手段等。

2.1 多源遥感观测平台

卫星遥感具有大尺度、周期性快速、同步获取水体信息的优点，可以有效地监测水体组分含量的分布和动态变化，克服常规观测的不足，在水环境监测中的应用日益广泛。本节介绍的多源卫星遥感数据主要包括典型的水色卫星遥感传感器——美国的 Terra/Aqua MODIS 传感器、欧空局的 ENVISAT-1 MERIS 传感器和韩国的高时间分辨率的地球静止水色成像仪 GOCI 传感器。另外，也介绍了针对内陆水体具有高时间和高空间分辨率的国产 HJ-1 CCD、GF-1 WFI 数据和应用广泛的 Landsat 7 ETM+和 Landsat 8 OLI 数据。

2.1.1 Terra/Aqua MODIS 传感器

MODIS（Moderate Resolution Imaging Spectrometer），即中分辨率成像光谱仪，搭载在 Terra 和 Aqua 卫星上，是美国对地观测系统（EOS）计划中用于观测全球生物和物理过程的重要传感器。它是继第一代水色传感器 CZCS（Coastal Zone Colour Scanner）后出现的高性能第二代水色传感器，Terra 和 Aqua 卫星分别于 1999 年 12 月 18 日和 2002 年 5 月 4 日发射升空，向地面发送数据。MODIS 与 CZCS 相比，其主要特点为：①低噪声，信噪比大幅度提高；②合理的大气校正波段设置，配备了更加合理的波段进行大气校正；③合理的色素波段分离设置，波段配置方便建立更加有效的色素反演算法。

MODIS 是当前世界上新一代"图谱合一"的光学遥感仪器，有 36 个离散光谱波段，光谱范围宽从 0.4 μm（可见光）到 14.4 μm（热红外）全光谱覆盖，数据地面分辨率为 250 m（1~2 波段），500 m（3~7 波段），1000 m（8~36 波段），扫描幅宽2330 km（表

2-1）。NASA 对 MODIS 数据实行全球免费接收政策，且 Terra 卫星和 Aqua 卫星相互配合，MODIS 传感器具有较高的时间分辨率，每天可至少获得覆盖研究区的影像 2 景，加上其适中的空间分辨率和较高的光谱分辨率，在湖泊水质监测中具有较大的优势，得到了广泛的应用。

表 2-1   MODIS 传感器波段设置和主要用途

波段号	空间分辨率（m）	波段宽度（μm）	频谱强度	主要应用	信噪比
1	250	0.620~0.670	21.8	植被叶绿素吸收	128
2	250	0.841~0.876	24.7	云和植被覆盖变换	201
3	500	0.459~0.479	35.3	土壤植被差异	243
4	500	0.545~0.565	29.0	绿色植被	228
5	500	1.230~1.250	5.4	叶面/树冠差异	74
6	500	1.628~1.652	7.3	雪/云差异	275
7	500	2.105~2.155	1.0	陆地和云的性质	110
8	1000	0.405~0.420	44.9	叶绿素	880
9	1000	0.438~0.448	41.9	叶绿素	838
10	1000	0.483~0.493	32.1	叶绿素	802
11	1000	0.526~0.536	27.9	叶绿素	754
12	1000	0.546~0.556	21.0	悬浮物	750
13	1000	0.662~0.672	9.5	悬浮物，大气层	910
14	1000	0.673~0.683	8.7	叶绿素荧光	1087
15	1000	0.743~0.753	10.2	气溶胶性质	586
16	1000	0.862~0.877	6.2	气溶胶/大气层性质	516
17	1000	0.890~0.920	10.0	云/大气层性质	167
18	1000	0.931~0.941	3.6	云/大气层性质	57
19	1000	0.915~0.965	15.0	云/大气层性质	250
20	1000	3.660~3.840	0.45	洋面温度	0.05
21	1000	3.929~3.989	2.38	森林火灾/火山	2.00
22	1000	3.929~3.989	0.67	云/地表温度	0.07
23	1000	4.020~4.080	0.79	云/地表温度	0.07
24	1000	4.433~4.498	0.17	对流层温度/云片	0.25
25	1000	4.482~4.549	0.59	对流层温度/云片	0.25
26	1000	1.360~1.390	6.00	红外云探测	150

续表

波段号	空间分辨率（m）	波段宽度（μm）	频谱强度	主要应用	信噪比
27	1000	6.535~6.895	1.16	对流层中层湿度	0.25
28	1000	7.175~7.475	2.18	对流层中层湿度	0.25
29	1000	8.400~8.700	9.58	表面温度	0.05
30	1000	9.580~9.880	3.69	臭氧总量	0.25
31	1000	10.78~11.280	9.55	云/表面温度	0.05
32	1000	11.77~12.270	8.94	云高和表面温度	0.05
33	1000	13.18~13.485	4.52	云高和云片	0.25
34	1000	13.48~13.785	3.76	云高和云片	0.25
35	1000	13.78~14.085	3.11	云高和云片	0.25
36	1000	18.08~14.385	2.08	云高和云片	0.35

2.1.2　ENVISAT-1 MERIS 传感器

ENVISAT 卫星是欧空局的对地观测卫星系列之一，于 2002 年 3 月 1 日发射升空。该卫星是欧洲迄今建造的最大的环境卫星，载有 10 种探测设备，其中 4 种是 ERS-1/2 所载设备的改进型，所载最大设备是先进的合成孔径雷达（ASAR），可生成海洋、海岸、极地冰冠和陆地的高质量高分辨率图像，用于研究海洋的变化。其他设备提供更高精度数据，用于研究地球大气层及大气密度。作为 ERS-1/2 合成孔径雷达卫星的延续，Envisat-1 主要用于监视环境，对地球表面和大气层进行连续的观测，供制图、资源勘查、气象及灾害判断之用。

由表 2-2 可知，卫星上搭载的传感器有很多，下面主要就水色传感器 MERIS 进行介绍。中等分辨率成像光谱仪（Medium Resolution Imaging Spectrometer，MERIS）是 Envisat-1 上搭载的主要传感器之一，空间分辨率 300 m，主要用于海洋和海岸带的水色监测，是目前最有优势的水色传感器之一。水色数据可以转化来测量叶绿素浓度、悬浮固体浓度和水表面大气气溶胶。水色数据能够帮助我们了解海洋的碳循环、海洋表面热循环状况，进行渔业管理、沿海区域管理、气候学习，理解海洋动态等。

MERIS 属于推扫被动式光谱仪，扫描过程由一排探测器元件完成，有 5 架相机排列在一起，通过卫星移动来实现。MERIS 可测量从地球表面和云反射的可见光和近红外波段的太阳辐射（高中灵，汪小钦和陈云芝，2006）。因而，观测就被限制在地球的向阳面，由于具有 68.5°的宽视场，地面刈幅宽为1150 km，传感器 3 d 便能覆盖整个地球，不仅满足了全球生物过程的观测需要，还可以对突发性的环境变化如地震、火山、洪水与火灾进行监测。为了降低噪音对大气校正算法和海水成分浓度计算精度的影响，MERIS 设计了等效噪声辐射率值，使之能适应一、二类水体的情况。15 个波段精细的辐射测量可以提供海洋生产力、海岸带尤其是海洋沉积物的观测，同时也可以计算陆地植被指数。对海岸带与陆地测量的 300 m 分辨率数据需要实时传输到地面接收站，对宽阔海域观测的分辨率为1200 m，记录在星上记录器上。

表 2-2 　　　　　　　　　　　　　　**ENVISAT 卫星主要参数设置**

轨道	近极地太阳同步			
轨道高度	768 km			
重量	8200 kg，有效载荷 2000 kg			
尺寸	长 10 m，宽 7 m，太阳大 24 m，宽 5 m			
重复周期	35 d			
工作寿命	5～10 年			
	传感器	主要用途	空间分辨率	波段范围
星载主要仪器	双极化的合成孔径雷达（ASAR）	植被、地形、高度、积雪、冰川、海浪特征	图像 30 m×30 m 宽刈幅 100 m×100 m 全球 1×1 km	C 波长
	跟踪扫描辐射计（AATSR）	湿度、气溶胶、陆地、地表、（海表）温度、植被特征	1×1 km	可见光、红外
	MERIS 水色传感器	云、辐射通量、气溶胶、陆地、植被指数、水色、混浊度、积雪、冰	300/1200 m	可见光、近红外
	雷达高度计（RA-2）	地形、高度、海洋水准面、海面形状、海浪特征、风速		S、Ku 波段
	MIPAS 干涉仪	温度、气溶胶、陆地	3 km 垂直分辨率	中红外
	全球臭氧层监视仪（GOMOS）	气溶胶、陆地、臭氧、微量气体	1.7 km 垂直分辨率	紫外、可见光近红外
	大气层制图扫描成像吸收频谱仪（SCIAMACHY）	大范围微量气体	3 km 垂直分辨率	紫外、可见光近红外
	微波辐射计（MWR）	云、水蒸气、雨滴	20 km 点束直径	K、Ka 波段
	激光反射器 LRR	卫星高度与 RA-2 校正		可见光

　　MERIS 传感器设置了 15 个波段，带宽在 3.75～20 nm 之间，在可见光波段平均带宽

为 10 nm（表 2-3）。MERIS 传感器需要为世界各地的区域用户提供服务，因此该卫星具有 X 波段直接传输和通过 DRS 的 Ka 波段传输数据的双重能力（高中灵等，2006）。对于全球任务，利用 X 波段的一个射频通道直接传输 MERIS 数据到基律纳接收站；对于区域性的任务，通过数据中继卫星的 Ka 波段传输，像具有两个通道的 X 波段一样，提供同样的数据传输能力。

表 2-3   **MERIS 波段设置**

波段	中心波长（nm）	波段宽度（nm）	主要应用
1	412.5	10	黄色物质与碎屑（Yellow substance and detrital pigments）
2	442.5	10	叶绿素吸收最大值（Chlorophyll absorption maximum）
3	490	10	叶绿素等（Chlorophyll and other pigments）
4	510	10	悬浮泥沙、赤潮（Suspended sediment, red tides）
5	560	10	叶绿素吸收最小值（Chlorophyll absorption minimum）
6	620	10	悬浮泥沙（Suspended sediment）
7	665	10	叶绿素吸收与荧光性（Chlorophyll absorption & fluo. Reference）
8	681.25	7.5	叶绿素荧光峰（Chlorophyll fluorescence peak）
9	708.75	10	荧光性、大气校正（Fluorescence Reference, atmosphere corrections）
10	753.75	7.5	植被、云（Vegetation, cloud）
11	760.625	3.75	O_2 吸收带（O_2 R-branch absorption band）
12	778.75	15	大气校正（Atmosphere corrections）
13	865	20	植被、水汽（Vegetation, water vapour reference）
14	885	10	大气校正（Atmosphere corrections）
15	900	10	水汽、陆地（Water vapour, land）

2.1.3 CMOS GOCI 传感器

2010 年 6 月 26 日，韩国首颗地球静止轨道卫星发射升空，它名为通信、海洋、气象卫星 1（Communication, Ocean and Meteorological Satellite 1, COMS-1），是一颗多用途卫星（图 2-1）。COMS-1 将用于持续观测环朝鲜半岛的海洋水色和研究陆地、海洋和大气里迅速变化的过程，并以最快约 8 min 的间隔传输气象和海洋观测信息，从而大大提升气象预报的准确度和海洋资源的利用率。COMS-1 处于东经 128.12° 上空。COMS-1 的主要使命是卫星通讯、海洋观测和气象服务。COMS-1 的设计运行服务时间最小为 7 年，而卫星的通信负荷系统的设计时间至少是 12 年。COMS-1 由运载系统和三个有效荷载支持卫星的任务。卫星的地面控制系统（SGCS）能够控制卫星的有效荷载和其运载系统。

从功能角度来看，COMS-1 的地面部分组成了 SGCS 以支持卫星运行，影像数据收集和控制系统（IDAVS）用于气象成像仪（MI）和静止海洋水色成像仪（GOCI）的数据处理，而通信测试地面站（CTES）用来支持 Ka 波段的载荷。SGCS 和 IDAVS 将被安装在卫星运行中心（SOC）和气象卫星中心（MSC），两者作为交叉备份来提高数据可获取性。SGCS 由五个小系统组成：遥测和跟踪控制台、实时运行子系统（ROS）、任务计划子系统、飞行姿态子系统和 COMS 模拟器子系统（CSS）。

表 2-4   **COMS GOCI 卫星技术指标**

参数	技术指标
卫星质量/kg	2600
卫星尺寸	2.6 m×1.8 m×2.8 m
卫星功率/kW	2.5（10.6 m² 的太阳电池阵）
寿命/年	≥10（设计寿命）；≥7（测试寿命）
姿态控制	三轴稳定
位置精度/（°）	±0.5
测控传输	L 频段；S 频段
高频通信	Ka 频段（27.0~31.0 MHz 和 18.1~21.2 GHz）
有效载荷	气象成像仪；地球静止海洋水色成像仪；Ka 频段通信有效载荷

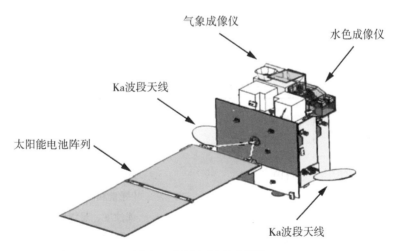

图 2-1 CMOS GOCI 外形图

海洋水色卫星遥感器 GOCI（Geostationary Ocean Color Imager）由韩国通信、海洋、气象卫星 COMS-1 来负载。与其他海洋水色传感器不一样，GOCI 可以以独特的高空间分辨率和时间分辨率（1 h 更新一次）来观测海洋和沿海的水域。GOCI 的地面分辨率为 500 m×500 m，覆盖范围为 2500 km×2500 km（图 2-2），轨道高度为 35786 km，信噪比大于 1000，观测频率 1 h，每天 8 次，设计寿命 7 年，它覆盖中国大部分的海域，其数据可以免费获取。其超高的时间分辨率使得 GOCI 在监测短时间周期变异的特性中具有很大的优势。

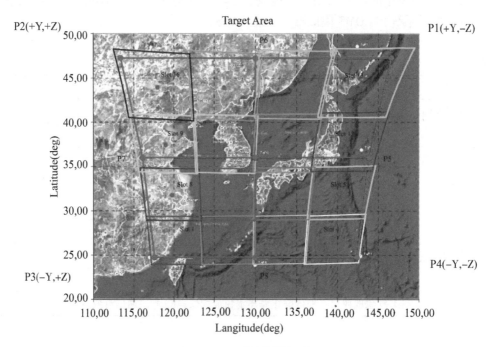

图 2-2　GOCI 影像的覆盖区域

GOCI 具有 8 个波段（6 个可见光，2 个近红外），各波段的用途如表 2-5 所示。

表 2-5　　　　　　　　　　　　　　　GOCI 波段特征及用途

波段	中心波长（nm）	波段宽度（nm）	信噪比	主要用途
B1	412	20	1077	黄色物质和浑浊度
B2	443	20	1119	叶绿素的吸收峰
B3	490	20	1316	叶绿素和其他色素
B4	555	20	1223	浑浊度，悬浮物
B5	660	20	1192	荧光信号基线波段，叶绿素，悬浮物
B6	680	10	1093	大气校正和荧光信号
B7	745	20	1107	大气校正和荧光信号的基线波段气溶胶光学厚度，
B8	865	40	1009	植被，洋面上水汽参照

2.1.4 Landsat TM/ETM+/OLI 传感器

20 世纪 60 年代中期，在美国遥感卫星技术取得突破性发展的刺激下，美国内政部、农业部和美国国家航空航天局（NASA）共同推动并启动了史上第一个民用地球观测项目，该项目第一颗卫星（Landsat1）于 1972 年 7 月 23 日发射，最初被命名为 ERTS（Earth Resources Technology Satellite），后来发射的这一系列卫星都带有陆地卫星（Landsat）的名称。迄今为止，Landsat 系列卫星已发射了 7 颗，共成功发射了 6 颗陆地卫星，持续对地球表面进行观测。

Landsat 系列卫星至今已为农业、地质、林业、教育、区域规划、测绘等诸多领域的学科研究、资源管理提供了宝贵的数据。目前，Landsat5 和 Landsat7 仍在轨道上工作，每天继续捕捉数以百计的地表影像。为确保今后陆地卫星资源数据的连续性，新一代的陆地资源卫星 Landsat8 已在筹备中。Landsat 系列卫星发射时间及其技术参数见表 2-6。

表 2-6 美国 Landsat 卫星参数一览表

卫星参数	Landsat1	Landsat2	Landsat3	Landsat4	Landsat5	Landsat6	Landsat7
发射时间	1972. 7. 23	1975. 1. 12	1978. 3. 5	1982. 7. 16	1984. 3	1993. 1	1999. 4. 15
卫星高度（m）	920	920	920	705	705		705
半主轴（km）	7285. 438	7285. 989	7285. 776	7083. 465	7285. 438		7285. 438
倾角（°）	103. 143	103. 155	103. 1150	98. 9	98. 2		98. 2
经过赤道的时间	8:50a. m.	9:03a. m.	6:31a. m.	9:45a. m.	9:30a. m.		10:00a. m.
覆盖周期（d）	18	18	18	16	16		16
扫幅宽度（km）	185	185	185	185	185	发射失败	185
波段数	4	4	4	7	7		8
机载传感器	MSS	MSS	MSS	MSS、TM	MSS、TM		ETM+
运行情况	1978 年退役	1976 年失灵，1980 年修复，1982 年退役	1983 年退役	1983 年 TM 传感器失效,退役	在役服务		2003 年出现故障，导致 25 % 数据丢失

Landsat TM（Thematic Mapper，专题制图仪）传感器系统分别于 1982 年 7 月 16 日（Landsat-4）和 1984 年 3 月 1 日（Landsat-5）发射升空。Landsat TM 是光-机掸扫式传感器，在电磁波谱的可见光、反射红外、中红外和热红外区记录能量，具有较高的空间、光谱、时间和辐射分辨率。在南北向的扫描范围大约为 179 km，东西向的扫描范围大约为 183 km，空间分辨率为 30 m，数据输出格式为 GeoTIFF。Landsat TM 第 1~5 波段和第 7 波段 30 m×30 m 的星下点分辨率，热红外第 6 波段的空间分辨率为 120 m×120 m。

　　OLI 陆地成像仪包括 9 个波段，空间分辨率为 30 m，其中包括一个 15 m 的全色波段，成像幅宽为 185 km×185 km。OLI 包括了 ETM+传感器所有的波段，为了避免大气吸收特征，OLI 对波段进行了重新调整，比较大的调整是 OLI Band5（0.845～0.885 μm），排除 0.825 μm 处水汽吸收特征；OLI 全色波段 Band8 波段范围较窄，这种方式可以在全色图像上更好地区分有植被和无植被特征。

　　此外，还有两个新增的波段：蓝色波段（band 1；0.433～0.453 μm）主要应用于海岸带观测，短波红外波段（band 9；1.360～1.390 μm）包括水汽强吸收特征可用于云检测；近红外 band5 和短波红外 band9 与 MODIS 对应的波段接近。表 2-7 给出了 TM、ETM 以及 OLI 传感器的空间特性和波段分布。

表 2-7　　　　　　　　　TM/ETM+/OLI 传感器波段分布及其空间分辨率

波段	波段范围（μm）	空间分辨率（m）TM/ETM+	空间分辨率（m）OLI
蓝	0.450～0.515	30×30/30×30	30×30
绿	0.525～0.605	30×30/30×30	30×30
红	0.630～0.690	30×30/30×30	30×30
红外	0.750～0.900	30×30/30×30	30×30
近红外	1.55～1.75	30×30/30×30	30×30
热红外	10.40～12.50	120×120/60×60	100×100（TIRS）
短波红外	2.08～2.35	30×30/30×30	30×30
全色	0.52～0.90	—/15×15	15×15

2.1.5　HJ-1A/1B CCD 传感器

　　2008 年 9 月 6 日，我国专门用于环境与灾害监测的环境与灾害监测预报小卫星（简称环境减灾卫星）星座中的两颗光学星（HJ-1A 星和 HJ-1B 星）采用一箭双星方式在太原卫星发射中心发射升空，9 月 8 日卫星开始成像测试，自此揭开了我国利用专门卫星数据进行环境与灾害预报的序幕。

　　HJ-1 星座两颗光学星上分别装有两台宽覆盖多光谱可见光相机（简称 CCD 相机）。另外，HJ-1A 上装有一台超光谱成像仪，HJ-1B 上装有一台红外扫描仪。其重访观测周期为：宽覆盖多光谱相机 48 h；红外相机 96 h；超光谱成像仪 96 h，初步形成对我国环境及灾害进行大范围、全天时监测的能力。

表 2-8 **HJ 卫星轨道主要技术指标**

卫星 指 标	光学小卫星（HJ-1A、HJ-1B）
轨道	太阳同步圆轨道
高度	650 km
倾角	97.95°
回归周期	31 d
降交点地方时	10:30 a.m.

有效载荷包括宽覆盖多光谱相机、超光谱成像仪、红外相机，技术指标见表 2-9。

表 2-9 **HJ 卫星有效载荷的主要技术指标**

平台	有效载荷	波段号	光谱范围（μ谱）	空间 分辨率（m）	幅宽（km）	重访 时间（d）
HJ-1A	CCD 相机	B01	0.43~0.52	30	360（单台） 700（两台）	4
		B02	0.52~0.60	30		
		B03	0.63~0.69	30		
		B04	0.76~0.9	30		
	高光谱 成像仪	—	0.45~0.95 （110~128 个谱段）	100	50	4
HJ-1B	CCD 相机	B01	0.43~0.52	30	360（单台） 700（两台）	4
		B02	0.52~0.60	30		
		B03	0.63~0.69	30		
		B04	0.76~0.9	30		
	红外多光 谱相机	B05	0.75~1.10	150 （近红外）	720	4
		B06	1.55~1.75			
		B07	3.50~3.90			
		B08	10.5~12.5	300		

（＊注：HJ-1A 和 HJ-1B 轨道相位呈 180°分布，相互间过境时间间隔为 50 min 左右。）

近几年来，国内外许多相关学者已经陆续在 HJ 卫星应用效果方面做了一些探索，其中针对水体水色方面的研究包括朱利等用 HJ 多光谱波段在太湖、巢湖建立的水体组分反演模型（朱利等，2012）；Wang 等利用 HJ 超光谱数据对巢湖的叶绿素反演做了相关探索（Wang Qiao et al., 2010）；结果显示，HJ 卫星在水体水质监测及评估上有重要作用，具有比较理想的效果,尤其是其高空间分辨率和时间分辨率、多波段设置的优点,对我国环境及灾害监测有重要意义。

2.1.6 GF 系列卫星

2010 年 5 月"高分专项"(GF)全面启动,计划到 2020 年建成我国自主的陆地、大气和海洋观测系统。尽管该"专项"主要是民用卫星,但国外专家认为,由于其分辨率较高,也具备相当价值的军事用途,识别飞机、坦克已经不成问题。"高分一号"是我国高分辨率对地观测卫星系统重大专项(简称"高分专项")的第一颗卫星。

实际上,"高分专项"是一个非常庞大的遥感技术项目,包含至少 7 颗卫星和其他观测平台,分别编号为"高分一号"到"高分七号",它们都将在 2020 年前发射并投入使用。"高分一号"为光学成像遥感卫星;"高分二号"也是光学遥感卫星,但全色和多光谱分辨率都比"高分一号"提高一倍,分别达到了 1 m 全色和 4 m 多光谱;"高分三号"为 1 m 分辨率;"高分四号"为地球同步轨道上的光学卫星,全色分辨率为 50 m;"高分五号"不仅装有高光谱相机,而且拥有多部大气环境和成分探测设备,如可以间接测定 PM2.5 的气溶胶探测仪;"高分六号"的载荷性能与"高分一号"相似;"高分七号"则属于高分辨率空间立体测绘卫星。"高分"系列卫星覆盖了从全色、多光谱到高光谱,从光学到雷达,从太阳同步轨道到地球同步轨道等多种类型,构成了一个具有高空间分辨率、高时间分辨率和高光谱分辨率能力的对地观测系统。下面对高分系列中的高分一号和高分二号卫星作出详细的描述。

1. 高分一号

2013 年 4 月 26 日发射的高分一号卫星采用成熟的 CAST2000 小卫星平台,有效载荷配置有 2 台分辨率为 2 m 全色 /8 m 多光谱的高分辨率相机和 4 台分辨率为 16 m 的多光谱宽幅相机,从而在同一颗卫星上实现了高分辨率和宽幅的成像能力,配合整星侧摆可以实现对全球小于 4 d 的重访。其整星质量约为 1060 kg,采用降交点地方时为 10:30 a. m.、高度为 645 km 的太阳同步轨道(白照广,2013),参见表 2-10。

表 2-10 　　　　　　　　　　　　高分一号的轨道参数

参　　数	指　　标
轨道类型	太阳同步回归轨道
轨道高度	645 km
轨道倾角	98.0506°
降交点地方时	10:30 a. m.
回归周期	41 d

表 2-11 高分一号的有效载荷指标

	谱段号	谱段范围 （μm）	空间分辨率 （m）	幅宽 （km）	侧摆能力	重访时间 （d）
全色 多光谱 相机	1	0.45~0.90	2	60（2台 相机组合）	±35°	4
	2	0.45~0.52	8			
	3	0.52~0.59				
	4	0.63~0.69				
	5	0.77~0.89				
多光谱 相机	6	0.45~0.52	16	800（4台 相机组合）		2
	7	0.52~0.59				
	8	0.63~0.69				
	9	0.77~0.89				

高分一号卫星突破了高空间分辨率、多光谱与高时间分辨率结合的光学遥感技术，多载荷图像拼接融合技术，高精度高稳定度姿态控制技术，5~8 年寿命高可靠卫星技术，高分辨率数据处理与应用等关键技术，对于推动我国卫星工程水平的提升，提高我国高分辨率数据自给率，具有重大战略意义（中国资源卫星应用中心）。

高分一号卫星发射成功后，能够为国土资源部门、农业部门、气象部门、环境保护部门提供高精度、宽范围的空间观测服务，在地理测绘、海洋和气候气象观测、水利和林业资源监测、城市和交通精细化管理、疫情评估与公共卫生应急、地球系统科学研究等领域发挥重要作用。

高分一号卫星主要技术特点如下：

（1）单星上同时实现高分辨率与大幅宽的结合，2 m 高分辨率实现大于 60 km 成像幅宽，16 m 分辨率实现大于 800 km 成像幅宽，适应多种空间分辨率、多种光谱分辨率、多源遥感数据综合需求，满足不同应用要求；

（2）实现无地面控制点 50 m 图像定位精度；

（3）在小卫星上实现 2×450 Mbps 数据传输能力；

（4）具备高的姿态指向精度和稳定度，姿态稳定度优于 5×10^{-4} °/s，并具有 35°侧摆成像能力，满足在轨遥感的灵活应用。

2. 高分二号

2014 年 8 月 19 日发射的高分二号卫星采用的资源卫星平台，运行于高 631 km 的太空。高分二号卫星是 2014 年 8 月 19 日 11 时 15 分，在太原卫星发射中心用长征四号乙运载火箭成功发射的遥感卫星，卫星顺利进入预定轨道，分辨率优于 1 m，卫星影像可在遥感集市平台中查询到，同时还具有高辐射精度、高定位精度和快速姿态机动能力等特点（表2-12）。高分二号的成功发射标志着中国遥感卫星进入亚米级"高分时代"。高分二号卫星主要用户是国土资源部、住建部、交通运输部、林业部，于 2015 年 3 月 6 日正式投入使用。

　　高分二号装有两台 1 m 分辨率全色/4 m 分辨率多光谱、幅宽 26 km 的对地成像相机，通过拼接可实现 45 km 大幅宽图像；图像平面定位精度优于 50 m；卫星具备 180 s 内 35°侧摆的能力；设计寿命 5~8 年。它具有亚米级空间分辨率、高辐射精度、高定位精度和快速姿态机动能力等特点（东方星，2015），参见表 2-13。

表 2-12　　　　　　　　　　　　　高分二号轨道参数

参数	指标
轨道类型	太阳同步回归轨道
轨道高度	631 km
轨道倾角	97.9080°
降交点地方时	10:30 a. m.
回归周期	69 d

表 2-13　　　　　　　　　　　　　高分二号有效载荷指标

载荷	谱段号	谱段范围（μm）	空间分辨率（m）	幅宽（km）	侧摆能力	重访时间（d）
全色多光谱相机	1	0.45~0.90	1	45（两台相机组合）	±35°	5
	2	0.45~0.52	4			
	3	0.52~0.59				
	4	0.63~0.69				
	5	0.77~0.89				

　　高分二号卫星的研制在诸多方面有所突破：

　　（1）高分二号卫星的空间分辨率优于 1 m，同时还具有高辐射精度、高定位精度和快速姿态机动能力等特点。

　　（2）实现了亚米级空间分辨率、多光谱综合光学遥感数据获取，攻克了长焦距、大口径、轻型相机及卫星系统设计难题，提升了低轨道遥感卫星长寿命可靠性能，对于推动中国卫星工程水平提升、提高中国高分辨率对地观测数据自给率具有重要意义。

　　高分二号的用途：

　　高分二号卫星是高分辨率对地观测系统重大专项首批启动立项的重要项目之一，是目前我国分辨率最高的光学对地观测卫星。

　　高分二号卫星投入使用后，将与在轨运行的高分一号卫星相互配合，推动高分辨率卫星数据应用，为土地利用动态监测、矿产资源调查、城乡规划监测评价、交通路网规划、森林资源调查、荒漠化监测等行业和首都圈等区域应用提供服务支撑。

2.2 现场观测

2.2.1 光谱观测

水体的遥感反射率由水体光谱的现场测量获得，测量方法主要有两种：水下剖面法（profiling method）和水面之上法（above-water method）。水体光谱现场测量获取的参数主要是与水色遥感或水体光谱特性研究相关的一些表观光学量，即：离水辐亮度 L_w、归一化离水辐亮度 L_{wN} 和遥感反射率 R_{rs}。必须利用一定的测量方法以及与相应的数据处理分析相结合才能得到这些参数（唐军武等，2004）。

表观光学量的测量需满足以下环境条件：①水面之上法：晴天或者全云均匀覆盖，太阳天顶角小于 65°，风速小于 10 m/s，光照变化小；②水下剖面法：测量站位水深大于10 m（李铜基等，2006）。

水面之上法采用与陆地光谱测量类似的测量仪器，在经过严格定标的前提下，通过合理的安排观测几何以及设置测量积分时间，利用便携式瞬态光谱仪和标准板直接对进入传感器的总信号 L_u、天空光信号 L_{sky} 和标准板的反射信号 L_p 进行测量，从而推导出离水辐亮度 L_w、归一化离水辐亮度 L_{wN}、遥感反射率 R_{rs} 等参数。水面之上法是目前 II 类水体光谱曲线测定唯一有效的方法（唐军武等，2004）。

当天顶角在 0~40° 范围内时，离水辐亮度 L_w 变化不大，所以，为了避开太阳直接反射和船舶阴影对光场的影响，可采用图 2-3 所示的观测几何，具体如下：

（1）仪器观测平面与太阳入射平面的夹角 135°（背向太阳方向）；

（2）仪器与海面法线的夹角 40°；

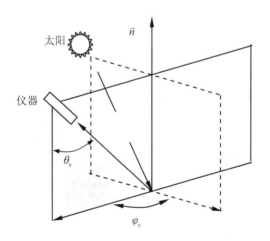

图 2-3 水面之上法水体光谱测量几何示意图

（3）如果是单通道光谱仪，在仪器面向水体进行测量后，将仪器在观测平面内向上旋转一个角度，使天空光辐亮度 L_{sky} 的观测方向天顶角等于测量水面时的观测角 v。

水体遥感反射率的计算公式为

$$R_{rs} = L_w / E_d(0^+)$$

式中：水面入射辐照度比 $E_d(0^+)$ 又为

$$E_d(0^+) = \pi^* L_p / \rho_p$$

L_p——标准板的反射信号。

ρ_p——标准板的反射率。

而水面以上水体信号组成可表示为公式：

$$L_u = L_w + \rho_f * L_{sky} + L_{wc} + L_g$$

式中：L_u——传感器接收到的总信号。

L_w——进入水体的光被水体散射回来后进入传感器的离水辐射率，是我们需要得到的量。

ρ_f——菲涅尔反射系数，平静水面可取 $r = 0.022$；在 5 m/s 左右风速的情况下，r 可取 0.025；在 10 m/s 左右风速的情况下，取 0.026~0.028（唐军武，2004）。

L_{sky}——天空光信号，通过实地测量得到。

L_{wc}、L_g——来自水面白帽的信号和来自太阳耀斑的信号。这两部分信号不携带任何水体信息，在测量过程中通过采用特定的观测几何来避免和去除。

2.2.2　水体透明度

水体透明度采用赛克盘（Secchi disk）测量，直径 20cm，黑白色相间。赛克盘测量的透明度（Secchi disk transparency，SDT）是指将塞克盘面平行于水面放入水下，水面可以隐约观察到塞克盘时，湖面到塞克盘之间的距离（Steel，2002；Wernand，2010），如图 2-4 所示。

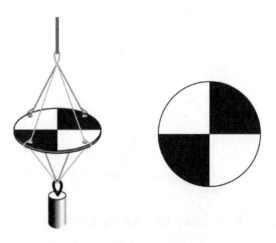

图 2-4　塞克盘（Secchi Disk）

2.2.3 总悬浮物

总悬浮颗粒物浓度（TSM）采用电子天平称重的方法测定。预先将孔径为 0.45 μm 的聚 27 碳酸酯滤膜在 45 ℃ 下烘烤 48 h，冷却后在室温下用 7 位数字精度的电子天平称量空白滤膜的重量，编号后保存。在低压状况下，量取一定体积的水样过滤到烘干后的滤膜上，用超纯水清洗量筒、过滤器，以确保过滤过程中样品悬浮颗粒物的损失最小。将样品滤纸有滤物的一面朝里对折封入铝箔纸中，放入液氮罐中冷冻避光保存。回到实验室后，在 45 ℃ 下烘烤样品滤膜 48 h，放入干燥皿中冷却后称重，将过滤前后滤膜重量进行对比，可计算总悬浮颗粒物浓度。

2.2.4 叶绿素 a

叶绿素 a 浓度采用荧光法测定，即将一定体积的表层水样经孔径为 0.45 μm 的醋酸纤维滤膜过滤，将样品滤纸有滤物的面朝里对折，用铝箔密封放入液氮罐冷冻保存，回实验室后使用 90 % 的丙酮溶液进行色素萃取。为了提高萃取效率，先将滤纸放入冷冻的盛有 8~10 mL 90 % 丙酮的离心分离管，低温离心 15~20 min，然后将样品通过超声波粉碎，在 0 ℃ 下萃取 24 h。提取清液后，重新定容到 10 mL，采用荧光计测量样品溶液和经过 1 % 的稀盐酸酸化后的样品溶液的荧光值，本研究使用的荧光计为日本岛津公司的 RF-5301C 型。通过对丙酮溶剂中的叶绿素 a 标样和测试样品的测定，找到合适的激发波长与发射波长，本研究中分别为 432 nm 与 667 nm。

2.2.5 总氮、总磷

总氮（TN）和总磷（TP）均采用全自动间断化学分析仪（SmartChem）进行分析，TN 采用碱性过硫酸钾消解法（GBT 11894—1989）进行测定，先将酸化后的水样调节为中性，再加入纯化过的碱性过硫酸钾，在 126~127 ℃ 下消煮 30 min，自然冷却后置于 SmartChem 仪器上用水质总硝酸盐氮的方法进行水质 TN 含量的测定。TP 含量采用过硫酸钾消解钼酸铵分光光度法进行测定，先调节水样至中性，加入过硫酸钾在 140 ℃ 下消煮 30 min，自然冷却后置于 SmartChem 仪器上采用水质正磷酸盐含量测定方法测量水质中 TP 含量。

2.2.6 CDOM 吸收系数

采用孔径为 0.22 μm 的 Millipore 聚碳酸酯滤膜过滤水样，将滤液密封避光冷冻带回实验室。将 CDOM 样品解冻至常温后注入由 HR2000 光谱仪、标准光源、LWCC（液芯光纤波导）组成的 CDOM 测量系统中，进行吸收光谱的测量（D'Sa，1999）。选取 750~800 nm 波段内吸收系数的均值作为零点对 CDOM 吸收光谱进行校正（Schwarz，2002；Chen，2004），采用负指数模型对光谱曲线进行拟合，获取 400 nm 处 CDOM 吸收系数。

第3章　水环境定量遥感辐射特性

3.1　传感器辐射参数

3.1.1　常用传感器辐射特性

由于可见光波段的水体有效辐射信号仅占传感器天顶辐亮度的 10 % 左右（Gordon，1987），水色遥感数据和产品对辐射定标不确定性（Gordon，1998）、噪声等影响非常敏感（Wang，2007）。传感器的辐射特性可以用信噪比（signal to noise，SNR）或者等效噪声辐亮度描述。信噪比定义为在一定的辐射输入水平下，传感器接收到的信号强度与噪声强度的比例，因此信噪比越高表明传感器对信号变化监测的能力越强（Wang，Son and Shi，2009）。通常利用平静海面区域分别计算影像均值和标准差代表信号和噪声水平来获取信噪比的估计值（Gao，1993；Wettle，Brando and Dekker，2004；Hu et al.，2012）。为了更客观地评估传感器的信噪比水平，选取了多景清洁海水影像（图 3-1（a）为 GF-1 WFI 示例影像，图 3-1（b）为 Landsat 8 OLI 示例影像），分别针对 Landsat TM/ETM+/OLI，HJ-1 CCD，GF-1 WFI 传感器，采用可变滑动窗口法统计分析了各传感器的信噪比。

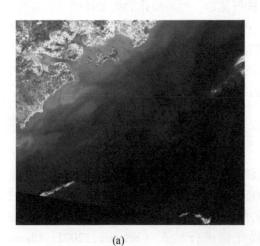 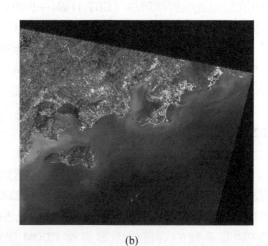

(a)　　　　　　　　　　　　　　　　　　(b)

图 3-1　用于信噪比计算的清洁水体影像

在信噪比计算以前，利用变异系数分析，去除影像中变化较大不稳定的区域，如靠近陆地、河口和云影像的区域等。对所有的有效影像区域，选取从 3×3 到 21×21 的可变窗口大小，分别计算每个窗口下整幅影像的均值和标准差变化情况。由于在同一景影像范围内，其水体变化相对稳定，辐亮度信号较为一致，故其信噪比应该是一个稳定的水平，因此根据所有窗口变化下的均值/标准差的统计直方图分布，其直方图峰值可认为是信噪比的估计值。

图 3-2 展示了 GF-1 WFI 4 个可见光波段（蓝、绿、红、近红外）的信噪比分析图，其中竖线表示各个窗口下直方图峰值的平均值。随着窗口从 3×3 到 21×21 的变化，信号/噪声比值逐渐互相靠近且趋于稳定。如蓝光波段的信号/噪声峰值集中在 300 左右，近红外波段的峰值集中在 20。在较小的窗口时，由于受到区域异质性的影响，信号/噪声比值的变化范围较大不稳定，在分析信噪比的时候舍弃。通过上述分析，传感器各波段的信噪比水平被确定在直方图峰值均值处，其标准差为 3 % 左右，也证明了该方法的有效性。

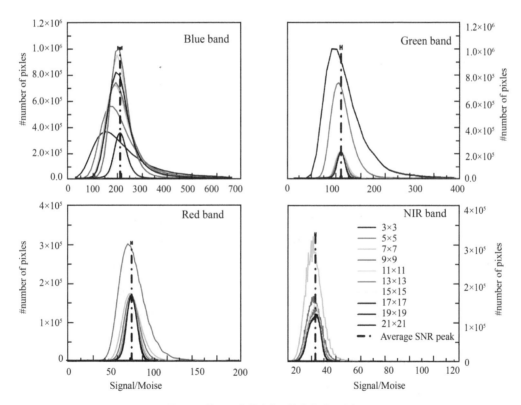

图 3-2　基于可变滑动窗口法的信噪比分析

图 3-3 和表 3-1 显示了多源传感器包括 GF-1 WFI, HJ-1 CCD, Landsat 8 OLI, Landsat 7 ETM+ 和 Terra/MODIS 的信噪比及其他辐射特性对比分析结果，同时给出了各传感器信噪比对应的辐射信号水平，以及辐射分辨率即 1 个 DN 值变化对应的辐亮度值（ΔL）。作为水色传感器的成功应用代表，Terra/MODIS 的辐射特性可以作为其他卫星传感器水环境

定量应用的参考。相比于 HJ-1 CCD 和 Landsat 7 ETM+，GF-1 WFI 和 Landsat 8 OLI 的辐射特性显著提高。首先，由于 GF-1 WFI 和 Landsat 8 OLI 的量化等级分别优化到了 10 bit 和 12 bit，其辐射分辨能力较 HJ-1 CCD 和 Landsat 7 ETM+分别提高了 4 倍和 16 倍。其次，

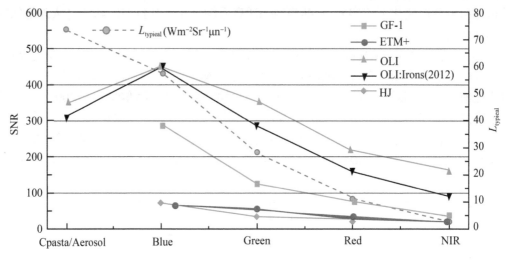

图 3-3　GF-1 WFI，Landsat 8 OLI，Landsat 7 ETM+ 和 HJ-1 CCD 信噪比

表 3-1　　　　　　　　　　　　　　多传感器辐射特性对比表

	GF-1 WFI (16 m)				HJ-1 CCD (30 m)			Landsat ETM+ (30 m)		
	L	ΔL	SNR	NE$\Delta\rho$	ΔL	SNR	NE$\Delta\rho$	ΔL	SNR	NE$\Delta\rho$
Blue	58.0	0.1716	294	0.00019	1.0003	62	0.00092	1.0783	66	0.00084
Green	28.2	0.1231	125	0.00024	0.9984	42	0.00070	1.0807	56	0.00053
Red	11.1	0.0896	77	0.00018	0.7258	33	0.00041	0.7148	36	0.00038
NIR	2.9	0.0656	34	0.00015	0.7667	19	0.00028	0.6296	23	0.00023

	Landsat 8 OLI (30 m)				MODIS					
	L	ΔL	SNR	NE$\Delta\rho$	λ (nm)	Resolution	L	ΔL	SNR	NE$\Delta\rho$
CA	72.9	0.0071	351	0.00021	620~670	250 m	21.8	0.0217	128	0.00020
Blue	58.0	0.0071	450	0.00012	841~876	250 m	24.7	0.0083	201	0.00024
Green	28.2	0.0066	352	0.00008	459~479	500 m	35.3	0.0167	243	0.00014
Red	11.1	0.0052	223	0.00006	545~565	500 m	29	0.0145	228	0.00013
NIR	2.9	0.0016	166	0.00003	438~448	1000 m	41.9	0.0039	838	0.00005
					546~556	1000 m	21	0.0018	750	0.00003
					673~683	1000 m	8.7	0.0007	1087	0.00001

GF-1 WFI 的信噪比从蓝光到红光波段分别较 HJ-1 CCD 提高了 3～5 倍，同时也优于获得广泛应用的 Landsat7 ETM+，但略低于 Landsat 8 OLI。在相同的辐射信号输入水平（60 W m^{-2}·sr^{-1}·μm^{-1}）下，GF-1 WFI，Landsat8 OLI，Landsat 7 ETM+和 HJ-1 CCD 蓝光波段的信噪比分别为 300，435，66 和 62。Terra/MODIS 在近岸/内陆水环境监测中常用的 250 m 和 500 m 波段的信噪比优于本研究中其他陆地监测应用传感器，但是由于其空间分辨率的差异，通过降分辨率的方法，可以将 GF-1 WFI 数据的信噪比提高 2～4 倍。当空间分辨率降低到 250 m 时，可达到与 Landsat 8 OLI 和 Terra/MODIS 相当的空间尺度和信噪比水平。对传感器等效噪声反射率的对比分析也论证了类似的结果。

3.1.2 水环境定量监测辐射灵敏性分析

基于对鄱阳湖多年实测数据集，结合 GF-1 WFI 辐射特性，利用 Moderate Resolution Atmospheric Transmission（MODTRAN version 4.6）软件（Berk et al.，2006）模拟传感器辐射信号对水体悬浮泥沙浓度变化的响应灵敏性。其中辐射传输模拟采用了中纬度夏季大气模型，气溶胶分别选取了乡村、城镇和海洋气溶胶模型，气溶胶光学厚度从 0.01～0.8 变化，间隔为 0.03。模拟过程中设置合适的观测几何，忽略太阳耀斑。公式（3-1）为水体离水辐射信号 L_w 与水表面反射辐射信号 L_r 通过大气漫反射达到传感器的传输过程，L_{path} 为大气程辐射，t 为地表-传感器路径的漫射透过率。L_r 通过假定平静水面估算为 0.022（Mobley，1999）。

$$L_{\text{toa-hyp}} = t * (L_w + L_r) + L_{\text{path}} \tag{3-1}$$

$$L_{\text{toa-hand}} = \int L_{\text{toa-hyp}}(\lambda) \, \text{RSR}(\lambda) \, d\lambda / \int \text{RSR}(\lambda) / d\lambda \tag{3-2}$$

模拟得到的高光谱天顶辐亮度通过与各传感器的光谱响应函数（RSR（λ））积分获得模拟的波段辐亮度 $L_{\text{toa-hand}}$。为了定量描述传感器信号对水体悬浮泥沙浓度（SPM）变化的响应灵敏性，以 SPM 等于 5 mg/L 时为基准，分析 SPM 变化导致的传感器信号变化与传感器噪声的比值 Ratio$_{\text{spm}}$，作为传感器辐射灵敏性的评价指标。

$$\text{Ratio}_{\text{spm}} = \frac{L_{\text{spm}=n} - L_{\text{spm}=5}}{L_{\text{Noise}}} \tag{3-3}$$

图 3-4 展示了 GF-1 WFI，Landsat 8 OLI，HJ-1 CCD 和 Landsat 7 ETM+ 各波段的辐射灵敏性的趋势图，所示的观测几何设置如下：太阳天顶角 $\theta_s = 45°$，卫星天顶角 $\theta_v = 0°$，相对方位角 $\Delta\varphi = 90°$。结果显示红光和近红外波段对 SPM 的变化最为灵敏，如 GF-1 WFI 红光和近红外波段的灵敏性分别为 38 和 62，当 SPM 浓度变化到 100 mg/L，而同样条件下 Landsat 8 OLI 灵敏性分别达到了 90 和 190。整体上，红光和近红外波段的灵敏性是蓝光和绿光波段的两倍以上。

相比于 HJ-1 CCD 和 Landsat 7 ETM+，GF-1 WFI 和 Landsat 8 OLI 辐射灵敏性有了显著的提高。当 SPM 由 5 mg/L 增加到 50 mg/L 时，GF-1 WFI 红光波段的响应比增大到了约 50，而 HJ-1CCD 和 Landsat 7 ETM+ 的灵敏性小于 20。当 SPM 增大到 250 mg/L 时，Landsat8 OLI，GF-1 WFI，HJ-1 CCD 和 Landsat 7 ETM+ 的灵敏性分别达到 280，102，38

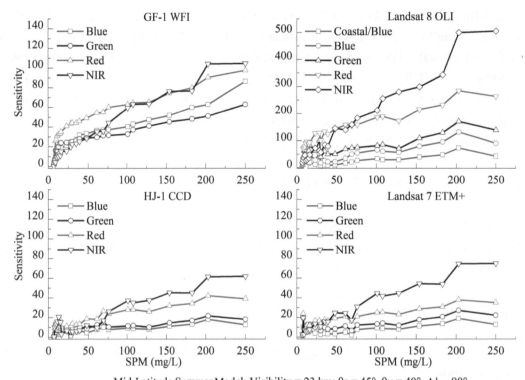

Mid-Latitude Summer Model; Visibility = 23 km; θs = 45°, θv = 40°, Δϕ = 90°

图 3-4　多源传感器辐射灵敏性分析

和 35。因此，可以看出新一代对地观测卫星传感器如 Landsat8 OLI，GF-1 WFI 的辐射灵敏性有了较大的改进，尤其是相对于 Landsat 7 ETM+。这种辐射上的改进将大幅度地提高对水环境定量监测的能力。考虑到 Landsat 7 ETM+在水环境遥感监测中的成功应用，Landsat8 OLI，GF-1 WFI 等传感器具有更优的辐射特性和时空分辨能力，因此其在水环境定量遥感监测中也将发挥更大的作用。

3.2　信噪比需求分析

综合考虑传感器设计的实际情况、水色要素具体反演精度的要求等因素，估算水色卫星有效载荷水色仪在不同叶绿素监测精度要求下的信噪比指标要求。分析叶绿素浓度为 $0.01 \sim 1 \text{ mg/m}^3$，监测精度为 5 %～35 %（5 %间隔变化）时的各波段对应的信噪比指标，同时分析不同光谱带宽、不同空间分辨率对信噪比指标的影响。

为了实现不同叶绿素监测精度要求下的信噪比需求分析，先利用固有光学参数、大气状况参数、风水海表状况参数进行 Hydrolight 模拟，结合实测光谱数据进行对比验证，最终得到浓度范围为 $0.01 \sim 1 \text{ mg/m}^3$，分别以 5 %～35 %浓度间隔变化的水体光谱曲线，再结合大气辐射传输理论，利用 Modtran 进行辐射传输模拟得出传感器接收到的大气顶层辐射亮度。针对卫星波段设置需求，利用高斯函数模拟传感器在不同光谱通道的光谱响应进而对不同波段进行光谱积分，再通过分析 5 %~35 %浓度间隔变化引起的天顶辐射变化率得出大气层顶卫星传感器的信噪比状况。

3.2.1 基于 Hydrolight 的 I 类水体遥感反射率光谱模拟

利用 Hydrolight 软件中的 I 类水体 IOPs 模型模拟了 I 类水体光谱曲线，叶绿素浓度范围为 0.01~1 mg/m³，以 5 %~15 %间隔变化（具体参数设置见表 3-2），模拟得到的 I 类水体遥感反射率光谱曲线图。

表 3-2 　　　　　　　　　　　　Hydrolight 水体光谱模拟参数设置

输入参数	输入量
固有光学参数模型（IOPs）	NEW CASE 1
Pure water IOPs	Pope and Fry（1997）纯水吸收散射值（默认）
叶绿素吸收	Medium UV absorption
叶绿素浓度（mg/m³）	0.01~1（5 %~35 %间隔）
模拟波段范围（nm）	400~800
太阳天顶角（°）	30
云量	0（晴朗天空）
风速（m/s）	5（默认）
水深	无限深

3.2.2 Modtran 天顶辐射亮度模拟

基于辐射传输理论，利用 Modtran 进行天顶辐射亮度模拟（模拟参数设置见表 3-3），得到 1nm 间隔的高光谱天顶辐射亮度。

表 3-3 　　　　　　　　　　基于 Modtran 的天顶辐射亮度模拟参数设置

参　　数	参数设置值
顺序时数	127（对应全年上午 10：30 太阳高度角最大的一天）
地表高度（km）	0
观测高度（km）	798
观测天顶角（°）	45

续表

参　　数	参数设置值
太阳天顶角（°）	30
相对方位角（°）	100
大气模式	中纬度夏季
气溶胶类型	海洋型，南海年平均 AOD（400）= 0.35

3.2.3　光谱积分

依照中分光谱仪默认波段设置（表 2-1），按照公式（3-4）进行光谱积分，将 Modtran 输出的光谱分辨率为 1 nm 的高光谱天顶辐亮度转化为表 2-1 中各中心波长对应的一定带宽下的等效波段辐射亮度数据。

$$L_i = \frac{\int_{\lambda_1}^{\lambda_2} \text{RSR}(\lambda)L(\lambda)\,\mathrm{d}\lambda}{\int_{\lambda_1}^{\lambda_2} \text{RSR}(\lambda)\,\mathrm{d}\lambda} \tag{3-4}$$

式中：L_i 为模拟的各波段等效辐射亮度；λ 为波长；RSR（relative spectral response）为高斯函数模拟得到的一定带宽下，各中心波长对应的光谱响应函数；L 为实测的辐射亮度；λ_1 和 λ_2 为积分波段范围的上下限波长。

3.2.4　信噪比计算

在满足 5 %～35 % 的叶绿素反演精度要求下，结合大气辐射传输理论，利用 Modtran 模拟得到不同叶绿素浓度对应的天顶辐射亮度，通过计算 5 %～35 % 浓度间隔变化引起的天顶辐射变化率，得出大气层顶卫星传感器的信噪比，式（3-5）为信噪比计算公式。

$$f = \frac{\Delta L}{L_0} = \frac{L - L_0}{L_0}, \qquad \text{SNR}_{\text{天顶}} = \frac{1}{f} \tag{3-5}$$

式中：f 为辐射变化率，是一种相对变化，也称为辐射敏感度；L_0 为初始叶绿素浓度下的天顶辐射亮度；L 为叶绿素浓度变化后的天顶辐射亮度；$\text{SNR}_{\text{天顶}}$ 为传感器在天顶的信噪比。

3.2.5　不同叶绿素浓度下的水体光谱模拟结果与分析

图 3-5 和图 3-6 分别为典型叶绿素浓度下模拟得到的 I 类水体离水辐射亮度和遥感反射率光谱曲线图，叶绿素浓度范围为：0.01～1 mg/m³。将模拟的遥感反射率光谱曲线与公开发表的 I 类水体遥感反射率光谱曲线（图 3-7）进行了对比，模拟结果合理。

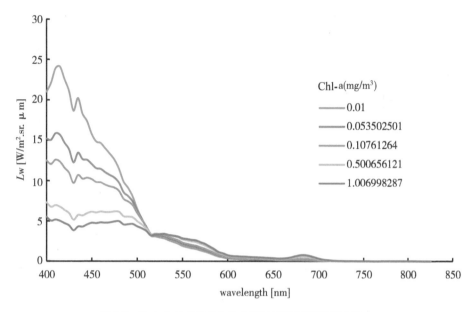

图 3-5　Hydrolight 模拟的 I 类水体离水辐射亮度光谱曲线

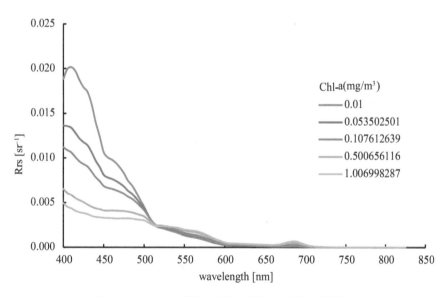

图 3-6　Hydrolight 模拟的 I 类水体遥感反射率光谱曲线

3.2.6　天顶辐射亮度曲线模拟结果

基于辐射传输理论，利用 Modtran 进行天顶辐射亮度模拟，得到 1 nm 间隔的高光谱天顶辐射亮度（图 3-8）。由模拟结果可知，在观测几何、大气状况保持一致的情况下，

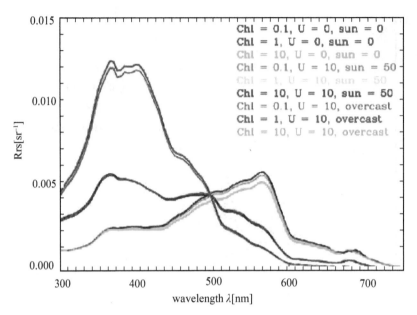

图 3-7　公开发表的 Ⅰ 类水体遥感反射率光谱曲线

http://www.oceanopticsbook.info/view/overview_of_optical_oceanography/reflectanc

天顶辐射信号对叶绿素浓度的响应是比较弱的。

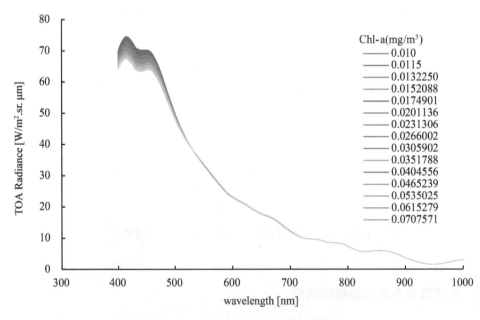

图 3-8　Modtran 模拟输出的天顶辐射亮度曲线

　　本次研究选取大洋水体叶绿素浓度监测的敏感波段进行不同监测精度要求下的各波段

信噪比指标估算。光谱通道包括 443、475、490、520、565 nm，详细波段设置见表 3-4。表 3-5 给出了不同叶绿素监测精度要求下各波段信噪比最值。

表 3-4   **叶绿素浓度监测敏感波段**

编号	中心波长（nm）	带宽（nm）	应用对象
1	443	20	叶绿素、颗粒无机碳、颗粒有机碳、CDOM、总悬浮物、可溶有机物（碳）
2	475	15	类胡萝卜素
3	490	20	叶绿素、漫衰减（kd490）、颗粒有机碳、CDOM、PAR、可溶有机物（碳）
4	520	20	叶绿素、CDOM、可溶有机物（碳）
5	565	20	叶绿素、漫衰减（kd490）、颗粒无机碳、颗粒有机碳、CDOM、PAR、总悬浮物、可溶有机物（碳）

当叶绿素浓度以不同间隔变化时，443、475、490、520、565 nm 的信噪比随叶绿素浓度的变化趋势保持一致。其中，以 443、475、490 nm 为中心波长的波段，SNR 随 Chl 浓度的升高先减小再增加，SNR 最大值在 Chl = 1 mg/m³ 取得；以 565 nm 为中心波长的波段，SNR 随 Chl 浓度的升高逐渐减小，SNR 最大值在 Chl = 0.01 mg/m³ 处取得。

对于不是以叶绿素浓度为主导的波长，其信噪比应该通过其他产品（如大气校正产品）探测精度需求等来确定，本分析没有涉及。所有分析都没有考虑传感器定标、大气校正、遥感反演模型本身等因素引起的误差，基于此提出叶绿素浓度探测最大误差不超过 15 %。叶绿素产品生产过程中由于引入了其他误差因素，最终产品误差可能达到 35 %。此外，本分析所得出的信噪比需求为应该满足的最低条件。

现有大洋水体部分叶绿素的浓度范围：太平洋等典型大洋水体叶绿素的浓度范围为 0.05 ~ 0.07 mg/m³；我国南海水域叶绿素浓度范围为 0.1 ~ 0.3 mg/m³。根据大洋水体叶绿素探测误差不高于 15 % 确定 443、475、490、520、565 nm 对应波段的信噪比，以不低于 1000 为宜，此时能探测到的叶绿素最低浓度值为 0.062 mg/m³，即能较好地解决南海叶绿素监测问题，但对更清澈的太平洋大洋水体，则存在一定挑战。原 HY-1A、1B 卫星蓝绿波段的最大信噪比为 600，在误差不超过 15 % 的情况下能探测到的叶绿素最低浓度值大于 1 mg/m³，难以生产出高精度的南海叶绿素浓度产品。当蓝绿波段信噪比设计达到 1200 以上时，能监测太平洋区域典型大洋水平。

表 3-5   不同叶绿素监测精度对应的各波段信噪比最值

浓度误差		SNR				
		中心波长（带宽）				
		443 nm（20 nm）	475 nm（15 nm）	490 nm（20 nm）	520 nm（20 nm）	565 nm（20 nm）
5 %	max	2575.085	4110.673	17833.93	6188837	11025.06
	min	795.2173	1366.43	2336.106	1452.447	567.1033
10 %	max	1333.629	2100.098	8500.652	553149.4	5491.425
	min	407.8873	707.7234	1209.369	750.134	290.7919
15 %	max	927.521	1428.998	5614.265	1097935	3608.537
	min	278.5696	481.5856	831.4116	512.1098	198.096
20 %	max	755.3748	1091.364	3905.556	236223.7	2768.822
	min	213.4808	370.1563	636.3073	393.2935	151.8946
25 %	max	579.1338	889.3648	3217.925	83884.48	2206.111
	min	174.6502	303.2912	519.9229	323.9142	124.3968
30 %	max	499.4892	754.6872	2312.371	31204.61	1856.942
	min	148.6634	257.6664	443.08	278.1975	105.5863
35 %	max	460.8098	658.6158	2211.564	194812.7	1598.286
	min	130.0199	226.0174	387.451	244.7487	92.2119

　　根据前述需求分析，信噪比以就高不就低的原则，另参考已有部分传感器的信噪比指标，考虑现有传感器的工艺水平，初步推荐新一代水色卫星的信噪比如表 3-6 所示。

表 3-6   新一代水色传感器波段设置、信噪比要求及用途

编号	中心波长（nm）	带宽（nm）	S/N	应用对象
1	443	20	≥1000	叶绿素、颗粒无机碳、颗粒有机碳、CDOM、总悬浮物、可溶有机物（碳）
2	475	15	≥1000	类胡萝卜素
3	490	20	≥1000	叶绿素、漫衰减（kd490）、颗粒有机碳、CDOM、PAR、可溶有机物（碳）
4	520	20	≥1000	叶绿素、CDOM、可溶有机物（碳）
5	565	20	≥1000	叶绿素、漫衰减（kd490）、颗粒无机碳、颗粒有机碳、CDOM、PAR、总悬浮物、可溶有机物（碳）

3.3 辐射不确定性影响

3.3.1 传感器辐射定标特性对水环境定量遥感影响研究

水环境定量遥感应用对传感器的辐射定标精度有较高的要求，由于水体信号所占辐射总信号的比例仅为 10 % 左右，±0.5 % 左右的辐射定标不确定性，将会引起清洁水体遥感反射率±5 % 的误差（Gordon，1998）。因此，传感器辐射定标特性，尤其是针对陆地应用设计的传感器如 HJ-1 CCD，Landsat 7 ETM+，GF-1 WFI 和 Landsat 8 OLI 在水环境定量应用中需要特别考虑其辐射定标的精度和不确定性问题。本节研究针对传感器辐射定标的不确定性和时序不稳定性两个主要误差因素，分别分析了其对水环境定量遥感应用的影响。

3.3.2 辐射不确定性对水环境定量遥感影响分析

以国产自主小卫星 HJ-1 CCD 传感器的辐射特性为例，结合鄱阳湖实测光谱和水质参数数据，本小节利用辐射传输模拟手段分析了辐射不确定因素造成的定量影响。选择鄱阳湖悬浮颗粒物浓度（TSS）等于 5 mg/L 时为基准，以其对应的水体遥感反射率数据为输入，设定默认的大气和观测几何参数，利用 Modtran 4.6 模拟得到 HJ-1 CCD 各个波段的辐亮度信号。在由卫星信号反推水体反射率的模拟过程中，随机加入±5 % 的辐射定标误差，去除大气程辐射后，获得辐射不确定性影响下的各波段水体反射率数据，通过与原始输入的水体遥感反射率对比，获取辐射定标不确定对水环境定量遥感数据的影响分析结果。

图 3-9 展示了在±5 % 的辐射定标误差下，太阳天顶角由 0 °到 70 °变化时的水体遥感反射率误差分布图。蓝、绿光、红和近红外波段的误差最大值分别达到了 60 %，30 %，25 %和 70 %，辐射定标误差的增大和太阳天顶角的升高都会显著的增大水体遥感反射率数据的误差。蓝光和近红外波段的误差远大于绿光和红光波段，其主要原因是蓝光和近红外波段的水体信号所占比例较低，尤其是近红外波段，受到的噪声影响等因素较多，导致辐射定标误差对该波段影响较大。

基于上述分析的水体遥感反射率不确定性结果，结合常用的悬浮颗粒物反演模型，进一步分析了辐射不确定性对水环境定量产品的影响。图 3-10 给出了在±5 % 的辐射定标误差下，不同波段和波段组合的 TSS 反演模型的误差分析结果，包括幂指数的红光波段、近红外波段、波段比值和波段组合模型等模型，其中 $X = （Rrs（567）+Rrs（664））·Rrs（664）/Rrs（567）$。由辐射定标误差引起的 TSS 产品误差同时受到所采用的反演模型有关，其最大误差可达到 40 % 左右。波段组合模型和红光波段模型误差相对较大，而单波段近红外模型的误差略低。波段比值模型可以有效降低由于辐射定标不确定性引起的 TSS 产品误差，可将 TSS 产品的整体误差水平控制在±5 % 左右。因此，水环境定量遥感反演需要综合考虑辐射定标的不确定性误差影响，以及针对不同参数反演、不同

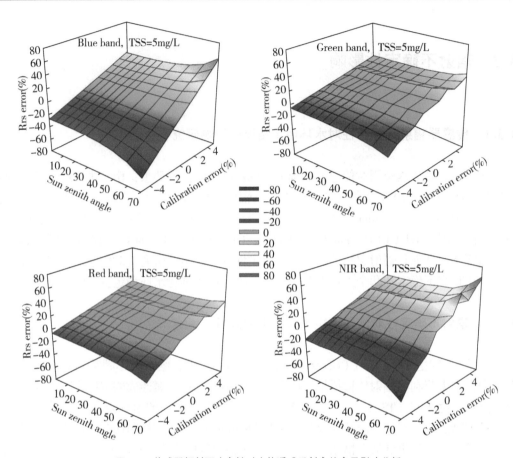

图 3-9　传感器辐射不确定性对水体遥感反射率的定量影响分析

模型受到的误差影响存在显著差异。该研究成果对水环境定量应用和反演波段模型选择具有重要意义。

3.3.3　辐射不稳定性对水环境定量遥感影响分析

本小节以 TSS 遥感定量监测为例，采用 6S 矢量辐射传输模型模拟分析传感器辐射衰减引起的辐射不稳定性对陆表和水环境参数时序遥感监测的定量影响。以我国 HJ-1A/B CCD4 个传感器的时序辐射不稳定性为实例，针对 TSS 时序变化趋势，通过实测数据集分别模拟设置了三个场景：趋势增加、趋势不变、趋势减小。设定与 3.1.2 节中同样的大气和观测几何参数，利用 Modtran 4.6 模拟得到 HJ-1 CCD 各个波段的辐亮度信号。在由卫星信号反推水体反射率的模拟过程中，加入 4 个 CCD 传感器的时序辐射定标误差，去除大气程辐射后，获得辐射不确定性影响下的各波段水体反射率数据，计算遥感反演的 TSS 趋势，通过与原始输入的时序趋势对比，获取辐射定标不确定对时序环境定量遥感监测的影响分析结果。在模拟场景 1 中，选择鄱阳湖悬浮颗粒物浓度（TSS）等于 280 mg/L 时为基准，以其对应的水体遥感反射率数据为输入，模拟 2008—2013 年的 5 年时序不变的趋

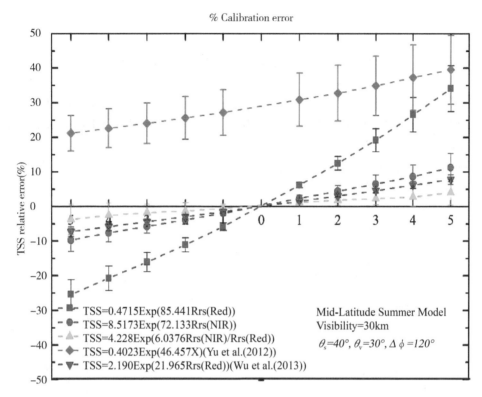

图 3-10 传感器辐射不确定性对水环境遥感产品的定量影响分析

势，场景 2 和场景 3 分别模拟了水体反射率从 5~900 mg/L 的增长趋势，以及 900~5 mg/L 的减小趋势。模拟所采用的具体参数输入表见表 3-7。

表 3-7　　　　　传感器时序辐射不稳定性对定量遥感模拟分析参数表

6S 参数		
观测几何 （太阳天顶角，太阳方位角，卫星天顶角，卫星方位角）		（30°，160°，45°，90°）
海拔高度		0.016 km
水汽含量		0.01
臭氧含量		0.25
气溶胶模型		大陆型
气溶胶光学厚度		0.1
地表变化场景	场景 1	稳定 TSS：（280~280 mg/L）
	场景 2	增长 TSS：（5~900 mg/L）
	场景 3	降低 TSS：（900~5 mg/L）

TSS 反演所采用的为基于 HJ-1 CCD 数据的波段组合幂指数模型（Yu et al.，2012）：

$$TSS = 0.4023 \cdot e^{46.457 * X}$$

$$X = (R_{rs}(567) + R_{rs}(664)) \cdot R_{rs}(664)/R_{rs}(567) \tag{3-6}$$

图 3-11 显示了受传感器辐射定标不稳定性导致的对时序定量遥感监测产品的影响分析。在场景 1 中，真实的 TSS 趋势是稳定不变的，然而受传感器时序辐射不稳定性的影响，HJ-1A CCD2 和 HJ-1B CCD2 监测到了 10 %~20 % 的增长趋势，HJ-1A CCD1 和 HJ-1B CCD1 监测到了约 5 % 的降低趋势。TSS 的定量监测结果受到辐射不稳定性的影响，整体产生了约 50 % 的定量误差。因此，传感器时序辐射的不稳定性会导致时序遥感定量产品监测的严重误差，甚至得出错误的监测趋势。

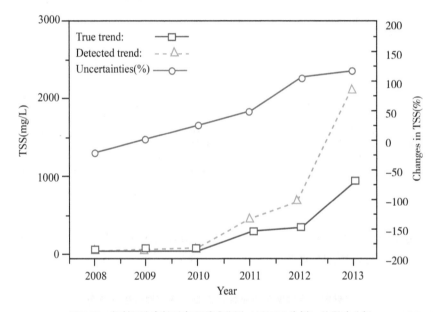

图 3-11　辐射不稳定性对定量遥感监测（以 TSS 为例）的影响分析

综合考虑上述辐射不确定性和不稳定性对水环境遥感数据和产品的严重影响，多源传感器的水环境遥感监测亟须解决辐射稳定性和一致性的关键问题，其对于多源数据的综合应用和高精度水环境定量遥感监测具有重要的现实应用意义。

3.4　本章小结

针对近岸/内陆水环境高时空动态定量遥感监测对多时空尺度遥感数据如 Terra/Aqua MODIS、Landsat TM/ETM+/OLI、HJ-1 CCD、GF-1 WFI 综合应用的需求，对比分析了多种高空间分辨率非水色设计传感器，如 Landsat TM/ETM+/OLI、HJ-1 CCD、GF-1 WFI 等在水环境遥感定量应用时的辐射特性问题：包括信噪比、辐射灵敏性和辐射不确定性定量影响等问题。提出了一种利用多重可变窗口统计的信噪比评估方法，分析了 GF-1 WFI、

Landsat 8 OLI、Landsat 7 ETM + 和 HJ-1 CCD 的波段信噪比水平，论证了 GF-1 WFI、Landsat 8 OLI 等新型高分传感器在水环境定量监测中的潜力和灵敏性，探讨了其与 Terra/MODIS 在近岸/内陆水环境监测中常用的 250 m 和 500 m 波段的辐射可比性。采用多年实测数据集和辐射传输模拟手段，定量评估了高分传感器辐射不确定性和不稳定性对水环境定量应用数据和产品的影响，在蓝、绿、红和近红外波段遥感反射率数据的误差最大值分别达到了 60 %、30 %、25 %和 70 %，得出波段比值模型可以有效减少由于辐射定标不确定性引起的 TSS 产品误差（50 %）。传感器时序辐射的不稳定性会导致时序遥感定量产品监测的严重误差，TSS 定量监测的误差平均达到 50 %左右，甚至可能出现错误的监测趋势结果。因此，水环境定量遥感反演需要综合考虑辐射定标的不确定性误差影响，该研究成果对水环境定量应用和反演波段模型选择具有指导建议，对于多源数据的综合应用和高精度水环境定量遥感监测具有重要的现实应用意义。

第4章 水环境定量遥感时间尺度

近岸/内陆水环境影响因素复杂，动态变化过程明显，短时间内变异显著，常规的监测手段如现场实测采样、传统的水色卫星传感器受到空间或者时间分辨率不足的限制，无法有效捕捉近岸/内陆水体的高时空动态特征。本章研究针对近岸/内陆水环境高精度、高时空动态监测的现实需求，以发展遥感最优观测策略及新一代水色卫星技术指标为目标，选择近岸/内陆典型高动态水体区域，采用基于浮标自动观测系统数据和地球同步观测卫星水色传感器 GOCI 高频次水色遥感数据，分析近岸/内陆典型水环境要素的时间变异尺度，在全球水色卫星传感器快速发展的背景下，探讨我国近岸/内陆水环境遥感监测的最优策略及传感器发展技术规划问题，具有重要的理论和现实应用意义。

4.1 基于自动浮标系统的典型内陆水体——鄱阳湖水环境变异时间尺度研究

4.1.1 研究思路与设计

针对典型内陆水体——鄱阳湖水环境的高动态变化特性，利用定点浮标自动观测系统，通过该浮标系统搭载的多个水体光学探头及气象站观测系统，获取了长时序的高频实测水环境参数现场数据。基于该套高频实测数据，分析鄱阳湖水环境高动态变化特性，研究鄱阳湖典型水环境要素时间变异尺度，评估当前常用水色传感器的观测能力，探讨水环境遥感发展的观测时间尺度问题，包括遥感的最优观测频次和观测时间，为更有效的水环境遥感监测提供支撑。具体研究设计和思路包括以下步骤：

1. ECO 数据定标

为了确保水环境参数实测数据的精度和有效性，首先需要对 ECO 探头所测的数据进行仪器定标。所用的定标公式如下：

$$\text{Data（ECO）} = \text{Scale Factor} \cdot (\text{Output-Dark Counts}) \tag{4-1}$$

式中：Data（ECO）为经过仪器定标后得到的精确的测量值；Output 为 ECO 探头测得的原始值；Scale Factor 为各个仪器的增益系数；Dark Counts 为仪器的背景噪声。对于 ECO-FLNTU（浊度）、ECO-FL（叶绿素）、ECO-FLCD（CDOM）探头，其增益和背景噪声分别为 50、20、26 和 0.066、0.035、0.063。

2. 水环境变化时间尺度分析

同水环境空间尺度变化的分析类似，采用半变异函数分析方法，分别以0.5、1、2和4 h的时间尺度间隔，利用高频次的实测数据，研究鄱阳湖水环境要素的时间变异尺度，获取各水环境要素时间变异上相关的时间尺度，为定量描述鄱阳湖高动态变化特性和遥感观测时间尺度提供理论和应用支撑（图4-1）。

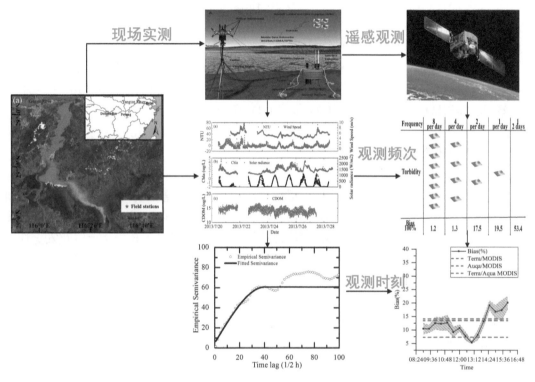

图4-1 基于自动浮标系统高频观测的鄱阳湖水环境时间尺度研究思路

3. 遥感最优观测策略研究

利用高频次现场观测数据，采用统计方法模拟卫星遥感观测场景，分析卫星观测频次和观测时刻差异对水环境要素（浊度、叶绿素、CDOM）观测参数（均值、最大值、最小值）精度的影响。

（1）将原始高频观测数据按时间重采样至0.5 h一次，即每天48次实测数据，计算每天的水环境要素的均值、最大值和最小值。

（2）将卫星观测场景限制为白天09：00—16：00 的时间段进行，以保证充足和稳定的光照条件（IOCCG 2012）。在该前提下，模拟统计观测频次对观测精度的影响，设定观测频次分别为每天8次、每天4次、每天2次、每天一次和两天一次，并统计各种观测频次场景下的各个水环境要素的观测均值、最大值和最小值；进一步分析观测时刻对观测精度的影响，分别设置观测时刻由09：00 开始，16：00 结束，时间间隔为0.5 h，统计每个观测时刻的观测值。

$$\text{RMSE} = \sqrt{\frac{1}{N}\sum_{i=1}^{i=n}(x_i - y_i)} \tag{4-2}$$

$$\text{Bias} = \left(\frac{1}{n}\sum_{i=1}^{i=n}\varepsilon_i\right) \times 100 \tag{4-3}$$

$$\varepsilon_i = \frac{x_{\text{satellite}}^i - y_{\text{insitu}}^i}{y_{\text{insitu}}^i} \tag{4-4}$$

式中：$x_{\text{satellite}}^i$ 表示第 i 次卫星观测的模拟观测数据；y_{insitu}^i 代表对应的现场实测数据；n 为卫星模拟观测和现场实测数据的匹配对数。

（3）统计模拟卫星观测值和现场实测值的统计差异，采用均方根误差（RMSE）和相对偏差（Bias）作为评价模拟卫星观测的精度，并以多日平均均方根误差和多日平均相对偏差为最终衡量标准，如公式（4-2）～（4-4）所示。

4.1.2　水环境高动态变化特性

连续的高频次定点观测数据揭示出鄱阳湖水环境要素显著的日内和日间高动态变化特性。图 4-2 和图 4-3 分别显示了 2013 年站点 A 和 2014 年站点 B 的水环境三要素：浊度、叶绿素和溶解性有机物的连续观测数据趋势图。其中，观测站点 B 由于天气及安全原因，此研究中只在白天 08:00—17:00 进行了数据的观测。站点 A 的浮标观测系统在 7 月 21 日 19:00—7 月 22 日 14:00 由于仪器维护暂停了数据采集，其他时间均进行了自动连续的数据采集实验。

两个观测站点的浊度（NTU）、叶绿素（μg/L）和 CDOM（μg/L）均表现出明显的短周期内时间变异特性。图 4-2（a）显示站点 A 的浊度变化主要受到风速变化的驱动，由于鄱阳湖是浅水湖泊，风速变化会影响其水体颗粒物再悬浮的过程，从而引起水体浊度的变化。站点 A 浊度的最大值出现的时刻与风速最高值出现的时刻基本一致，随着风速的降低，浊度也呈现出下降趋势。站点 B（图 4-3(a)）位于鄱阳湖高强度采砂区，该区域水体的浊度变化主要受到采砂活动的影响，在采砂日浊度急剧增大，而该区域的浊度与风速的变化并无一致性(图 4-3(c))。表 4-1 给出了两个站点各水环境要素的动态变化统计结果，其中站点 A 的浊度变化范围在 2.77（NTU）～87.47（NTU），均值（标准差）为 40.30（±7.07）；站点 B 的浊度变化范围为 25.11（NTU）～409.06（NTU），均值（标准差）为 117.32（±95.27）。该统计结果显示出两个站点受到不同因素的影响，浊度变化程度差异显著，同时，也表明了鄱阳湖水体整体的高动态特性。

鄱阳湖叶绿素的日内变化主要受到太阳辐照度的影响（图 4-2（b）和图 4-3(b)），表现出典型的周期性变化特征。叶绿素浓度峰值的出现一般滞后于太阳辐照度的峰值时刻，图 4-2（b）显示太阳辐照度的峰值多出现在中午 12:30 左右，而叶绿素的峰值出现存在明显的滞后效应，大概在下午 15:00。该现象是由于水体浮游植物光合作用受到太阳辐射激发，存在一定的滞后。叶绿素的最小值时刻多出现在夜间及凌晨。鄱阳湖 CDOM 也表现出类似的周期性变化特征，如图 4-2（c）和图 4-3（d）所示。虽然鄱阳湖已经被广泛认为是一个光学特性受浮泥沙主导的内陆浅水湖泊（Wu et al.，2011），然而本研究的连续实测数据表明，鄱阳湖的叶绿素和 CDOM 也存在显著的动态变化特征。

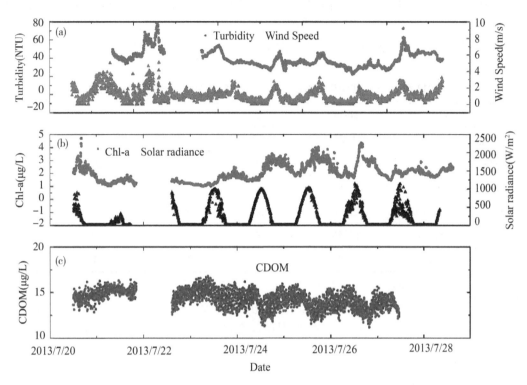

图 4-2 鄱阳湖生物光学特性（浊度，叶绿素，溶解性有机物）
短周期变化特性（数据：2013 年 7 月 19—29 日）

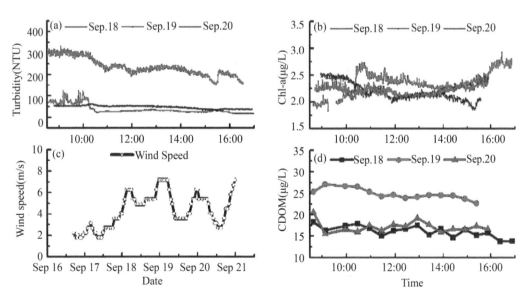

图 4-3 鄱阳湖生物光学特性（浊度、叶绿素、溶解性有机物）
短周期变化特性（数据：2014 年 9 月 17—21 日）

表 4-1 给出了鄱阳湖叶绿素和 CDOM 的实测数据统计结果。其中, 叶绿素的动态变化范围为 1~5 μg/L (站点 A 和 B); 站点 A 的 CDOM 的变化范围为 11.41~17.21 μg/L; 站点 B 的 CODM 变化范围为 4.21~29.74 μg/L。站点 B 的 CDOM 变化水平较强烈是由于该区域采砂活动对水体底质的搅动影响, 释放了较多的有机物。尽管叶绿素和 CDOM 变化的量级远低于浊度, 但是其短周期内的高动态变化也揭示了对鄱阳湖水体高频次监测的需求。

表 4-1　2013 和 2014 年观测期间浊度、叶绿素和 CDOM 的动态变化统计结果

		Mean	Std	CV	Range
Turbidity（NTU）	Station A	40.30	7.07	0.12	2.77~87.47
	Station B	117.32	95.27	0.52	25.11~409.06
Chl-a（μg/L）	Station A	2.00	0.38	0.18	0.97~5.12
	Station B	2.34	0.35	0.14	1.47~4.38
CDOM（μg/L）	Station A	17.45	1.08	0.06	11.41~17.21
	Station B	15.74	4.39	0.32	4.21~29.74

为了进一步论证鄱阳湖水环境要素的短周期内高频次的变化特征, 对原始实测数据进行了日内和日间变化的统计分析, 并利用箱线图进行对比分析, 如图 4-4 所示。结果表

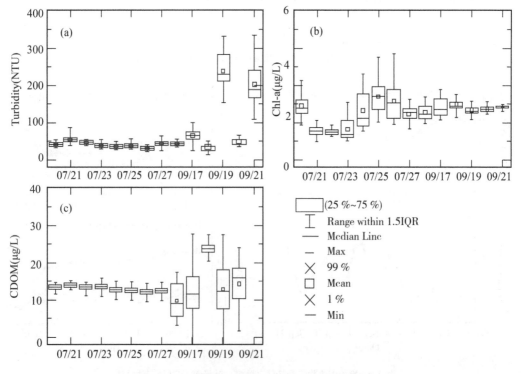

图 4-4　鄱阳湖水环境要素日内-日间动态变化箱线图

明，鄱阳湖水环境要素，包括浊度、叶绿素和 CDOM 均表现出显著的短周期变异特性。日间最大值、最小值、均值和中值的差异显著，对于浊度，其日内变化最大比为 16.4，日间变化最大比为 147.6；叶绿素日内和日间最大比分别为 10.1 和 34.8；CDOM 的日内和日间最大比分别为 17.7 和 28.2。

综上所述，通过大量的连续实测数据分析，证明了鄱阳湖典型水环境要素的短周期内高动态变化特性。由于传统的现场实测手段，其监测周期多以周或者月为单位，很难实现对水环境变化的有效捕捉。水色遥感卫星监测虽然已经显著提高了对水环境的监测能力，但是受到其重访周期与天气因素的影响，其观测频次仍远低于水环境自身变化水平。以 Terra/Aqua MODIS 遥感数据为例，其在鄱阳湖的有效覆盖周期为 4~5 景/月，即每月仅有 4~5 景有效的遥感观测数据。因此，如何评估当前常用的观测手段的潜在误差，探讨针对典型水环境变化特征的更加有效的监测策略，是本研究的出发点之一。

4.1.3 水环境关键参数时间尺度分析

水环境的时间变化尺度决定了理论上为了有效解析水环境要素的动态变化特征所需要的最低时间分辨率需求。图 4-5 和图 4-6 分别展示了鄱阳湖站点 A 和 B 的浊度、叶绿素和 CDOM 的基于实测数据的经验和模型拟合的半变异函数分析结果，其时间间隔为 30 min。为了验证该分析的有效性，本研究同时采用了时间间隔为 1 h、2 h 和 4 h 的时间尺度进行分析，其结果与 30 min 的趋势基本一致。基于多个时间间隔尺度的鄱阳湖水环境要素的时间变化尺度分析统计结果如表 4-2 所示。

表 4-2 　　　　　　　　　　　　　　鄱阳湖时间尺度分析结果

		Sill（c1）		Nugget（c0）		Range（h）	
		Mean	Std	Mean	Std	Mean	Std
Turbidity（NTU）	Station A	51.76	2.90	3.20	2.71	17.52	1.01
	Station B	16671.83	2700.08	3778.5	2607.0	17.45	5.10
Chl-a（μg/L）	Station A	0.40	0.09	0.06	0.09	12.56	1.49
	Station B	0.04	0.03	0.01	0.03	6.57	10.33
CDOM（μg/L）	Station A	0.53	0.13	0.21	0.13	9.44	1.56
	Station B	24.63	2.33	1.11	2.14	8.35	1.52

图 4-5 和图 4-6 的经验半变异函数分析均显示出鄱阳湖站点 A 和 B 的浊度、叶绿素和 CDOM 的明显的周期性变化特征。这种周期性变化的时间周期约为 48×1/2（h），即变化周期约为 1 d。参考图 4-2 和图 4-3 的鄱阳湖实测数据趋势，可以得出该周期与实测数据的变化周期基本一致，也论证了本研究中该半变异分析进行时间尺度分析方法的有效性。

由于鄱阳湖自身的浊度动态变化较强烈，站点 A 和站点 B 的浊度的半变异分析结果

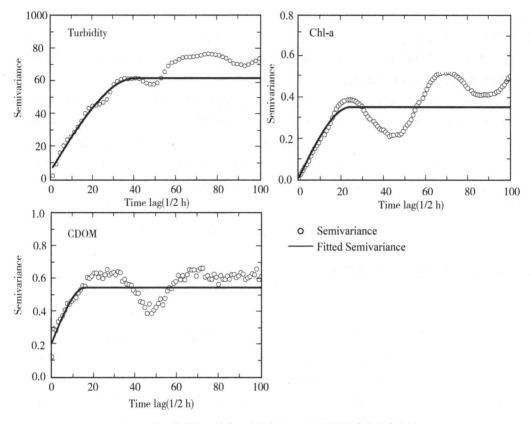

图 4-5　鄱阳湖站点 A 浊度、叶绿素和 CDOM 的时间变化尺度分析

（虚点为经验值，实线为拟合模型）

的基台值都远高于叶绿素和 CDOM 的基台值。本研究重点关注的是拟合后的半变异函数的参数：变程（Range），该参数定量描述了水环境要素的时间变异尺度。表 4-2 总结了在多种时间间隔条件下站点 A 和站点 B 的半变异分析拟合参数的统计结果，包括 1/2 h、1 h、2 h 和 4 h 时间尺度的变程、基台值和块金值。

站点 A 和站点 B 的浊度的平均变程值均约为 17.5 h，而叶绿素和 CDOM 的变程均值分别约为 6.6、12.6 以及 8.4、9.4。可以看出，虽然浊度的变化量级大于叶绿素和 CDOM，但叶绿素和 CDOM 的自身动态变化强度其实略高于浊度。考虑到已有的鄱阳湖研究多针对其悬浮颗粒物或者透明度进行，进一步的水环境监测更需要加强对鄱阳湖叶绿素和 CDOM 的重点关注，尤其是在富营养化和蓝藻暴发可能性增强的趋势下（Wu，Lai et al.，2014）。

综上所述，当前对于湖泊等水环境的监测手段多依赖于现场调研或者卫星遥感，尽管后者具有范围大、周期性的优势，但是其时间重访周期仍远不能达到监测高动态水环境变化特性的需求。因此，越来越多的组织和研究开始关注高频次水色卫星的发展和观测策略（IOCCG，2013）。本研究关于上述基于高频次实测数据的鄱阳湖高动态水体特性的分析，进一步揭示了对高频次卫星观测能力的需求。

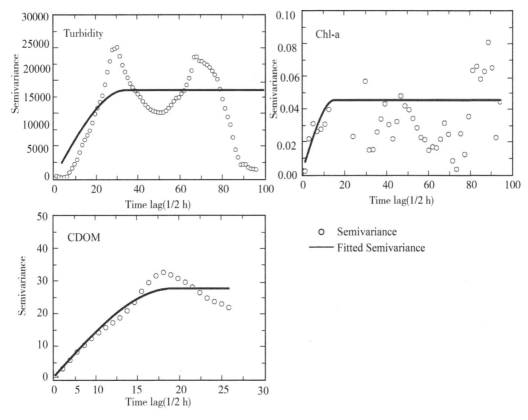

图 4-6 鄱阳湖站点 B 浊度、叶绿素和 CDOM 的时间变化尺度分析

(虚点为经验值，实线为拟合模型)

4.1.4 水环境关键参数时间尺度变化对定量遥感影响研究

在当前常用水色卫星传感器（Terra/MODIS，Auqa/MODIS）、GOCI 及卫星组合（Terra/Aqua MODIS）的设计观测能力条件下，针对高动态的近岸/内陆水环境的短周期变化特性，利用高频次现场观测数据和统计分析方法，本节着重分析水环境关键参数的观测时间尺度对定量遥感观测的影响，探讨不同观测频次和观测时刻的观测误差，评估当前常用的水色卫星传感器的监测能力，为进一步的高水平水色卫星发展和水环境监测策略提供支撑。

4.1.4.1 观测频次对水环境定量监测的影响分析

观测频次分析的目标是为了回答何种频次的观测能力可以最优地解析近岸/内陆高动态水体水环境变化的问题。表 4-3、表 4-4 和表 4-5 分别给出了不同观测频次下，浊度、叶绿素和 CDOM 的多种卫星模拟观测策略与实测值之间的均方根误差（RMSE）和相对偏差（Bias %）。选取了观测均值、最大值和最小值，分别评估了 GOCI 的 8 次观测频次、Terra/Aqua MODIS 两次组合观测、Terra/MODIS 观测、Aqua/MODIS 观测的模拟值与实测值之间的误差。为了保持分析结果的连续性，同时加入了每天 4 次和两天 1 次的模拟观测场景。

表 4-3　　　　　　　　不同观测频次对浊度观测的精度影响分析

		1/8d	1/4d	1/2d（Terra+Aqua）	1d Terra	1d Aqua	2d
均值	RMSE	0.5	1.0	3.1	6.1	6.9	62.7
	Bias	1.2	1.3	17.5	19.5	21.1	53.5
最大值	RMSE	6.9	8.9	18.2	19.3	13.0	63.5
	Bias	13.6	18.9	26.6	32.4	40.1	46.1
最小值	RMSE	1.5	1.9	5.8	10.6	7.6	62.7
	Bias	3.4	5.6	17.7	29.8	22.0	89.1

表 4-4　　　　　　　　不同观测频次对叶绿素观测的精度影响分析

		1/8d	1/4d	1/2d（Terra+Aqua）	1d Terra	1d Aqua	2d
均值	RMSE	0.01	0.03	0.18	0.35	0.36	0.33
	Bias	0.37	0.77	5.6	13.46	14.12	13.63
最大值	RMSE	0.11	0.14	0.3	0.46	0.3	0.4
	Bias	8.05	13.9	22.73	32.28	20.88	24.65
最小值	RMSE	0.09	0.17	0.22	0.28	0.63	0.31
	Bias	4.72	7.68	12.9	16.57	27.97	23.74

表 4-5　　　　　　　　不同观测频次对 CDOM 观测的精度影响分析

		1/8d	1/4d	1/2d（Terra+Aqua）	1d Terra	1d Aqua	2d
均值	RMSE	0.07	0.09	0.45	0.51	0.43	2.64
	Bias	0.29	0.46	2.3	3.62	3.69	8.61
最大值	RMSE	0.53	0.54	0.90	0.92	0.94	2.51
	Bias	5.21	7.01	12.64	13.01	13.66	13.83
最小值	RMSE	0.43	0.52	0.72	0.71	3.48	2.64
	Bias	4.63	6.45	5.69	6.83	12.80	8.61

随着观测频次的逐渐降低（从每天 8 次到每天 2 次），各水环境要素（浊度、叶绿素和 CDOM）的观测值（均值、最大值、最小值）的观测误差（RMSE、Bias）均表现出显著的增大趋势。对于浊度观测，其均值的 RMSE 和 Bias 分别由 0.5、1.2 增大到 62.7、53.5，当观测频次从每天 8 次降低到每天 2 次。每天 8 次和每天 4 次的观测频次对浊度均值的观测精度影响较小，其 RMSE 和 Bias 均在 1 NTU 和 1.2 % 左右。然而，对于 Terra/MODIS 或者 Aqua/MODIS 每天一次的观测频次，浊度的 RMSE 和 Bias 分别增大约 7 NTU 和 20 %。但是通过 Terra/Aqua MODIS 组合两次的观测，可以降低其观测误差。针对浊度最大值和最小值观测的分析也得到了类似的结果，即观测频次的降低导致观测误差的急剧增大。但是其增大的趋势远大于均值观测的误差水平。在水色遥感产品 30 % 的误差要求范围内，浊度均值、最大值和最小值的有效观测频次需满足每天至少一次。Terra/MODIS、Aqua/MODIS 的观测频次在理想状况下仍引起 20 %~30 % 的观测误差。

同浊度的观测结果类似，观测频次的降低导致了叶绿素和 CDOM 观测误差的显著增大。整体上，由于观测频次的不足分别引起了叶绿素均值、最大值和最小值指标约 10 %，20 % 和 20 % 的观测误差。与浊度和叶绿素的结果相比，观测频次变化对 CDOM 观测结果的影响相对较小，整体误差水平小于 15 %。通过 Terra/Aqua 两个卫星组合的观测方式，可以将浊度、叶绿素和 CDOM 的观测误差控制在 20 % 左右，低于单颗卫星观测的一半以上。

尽管地球同步卫星水色传感器 GOCI 的每天 8 次观测能力显著提高了对水环境要素的监测水平，然而对于大部分近岸/内陆水体仍缺乏地球同步卫星的观测。因此如何通过现有的多源卫星数据的一致性融合应用，以提高对水环境的有效监测，是当前水色遥感应用的关键点之一。

4.1.4.2 观测时刻对水环境定量监测的影响分析

观测时刻分析的目标是为了回答在无法满足高频次观测的前提下，如何通过卫星传感器组网观测以及在何种时刻观测可以最优地解析近岸/内陆高动态水体水环境变化的问题。针对该研究目标，本节探讨两种观测场景下的观测时刻分析：①模拟两颗卫星组网观测的最优观测策略；②探讨在只有一颗卫星的条件下，在何种时刻进行观测可以获得最优的水环境监测结果。

1. 场景 1：两次组网观测策略

表 4-6、表 4-7 和表 4-8 分别列出了不同组网观测组合下，浊度、叶绿素和 CDOM 的观测误差。以上各表中的列表示第一次观测时刻，行代表第二次观测时刻，表中的误差表示不同观测时刻组合下各要素的观测误差。根据水色光学遥感观测的需求，本研究中将观测时间段设置为 09:00—16:00，观测间隔为 30 min。

通过组网观测误差分析，获取了水环境要素监测的最优观测时刻组合（表中用星号"*"标记，Terra/Aqua MODIS 卫星组合观测的误差用"Δ"标记）。综合上表，浊度的最佳组网观测时间为 09:30 和 16:00，通过该组网观测，可保持观测误差在 10 % 以下。而 Terra/Aqua MODIS 卫星组合观测的理想状况误差为 18.0 %，即为最优观测组合误差的两倍以上。同理，对于叶绿素和 CDOM 的组网观测，其最佳观测时刻组合分别为 10:00 和

14:00，10:30 和15:30，其观测误差分别为 2.5 % 和 1.8 %。而对应的 Terra/Aqua MODIS 卫星组合观测的误差分别为 5.6 % 和 2.3 %，也约为最优观测组合的两倍误差。

表 4-6　　　　　　　多种二次组网观测策略对浊度观测精度的影响分析

	9:30	10:00	10:30	11:00	11:30	12:00	12:30	13:00	13:30	14:00	14:30	15:00	15:30	16:00	Min
9:00	32.8	38.9	16.3	15.9	15.5	13.3	15.9	20.3	18.8	17.6	18.3	17.0	17.5	14.8	13.3
9:30		28.0	11.1	11.2	11.3	13.3	15.9	20.3	18.5	16.9	16.7	15.1	16.1	△9.8	9.8
10:00			19.0	19.0	19.0	20.1	22.1	25.5	23.8	21.9	21.9	20.8	21.4	14.4	14.4
10:30				14.8	14.5	14.3	15.2	21.1	△18.0	19.5	20.3	20.4	19.3	15.7	14.3
11:00					15.3	14.6	15.9	20.6	19.5	20.8	21.9	22.1	20.9	16.7	14.6
11:30						17.7	17.6	21.2	19.3	20.7	21.1	21.2	20.3	14.7	14.7
12:00							19.1	23.2	20.1	19.0	19.4	19.0	18.3	11.9	11.9
12:30								22.9	21.6	22.5	22.7	22.2	18.5	11.6	11.6
13:00									23.9	25.0	25.2	24.8	24.1	17.4	17.4
13:30										22.5	22.9	22.6	21.9	15.0	15.0
14:00											24.8	24.4	23.6	16.7	16.7
14:30												27.4	26.3	21.1	21.1
15:00													24.0	21.2	21.2
15:30														28.8	28.8

表 4-7　　　　　　　多种二次组网观测策略对叶绿素观测精度的影响分析

	9:30	10:00	10:30	11:00	11:30	12:00	12:30	13:00	13:30	14:00	14:30	15:00	15:30	16:00	Min
9:00	10.9	12.3	10.7	10.6	8.6	7.6	6.6	5.6	4.6	3.6	5.8	5.0	7.7	6.5	3.6
9:30		11.7	10.0	9.9	8.1	7.1	6.1	5.9	4.4	4.8	4.8	4.6	8.7	6.1	4.4
10:00			10.2	10.0	8.3	7.2	6.8	5.5	4.9	*2.5	3.6	3.3	8.1	4.1	2.5
10:30				10.7	9.7	8.6	7.8	6.4	△5.6	3.2	4.0	3.2	8.5	4.1	3.2
11:00					8.7	8.6	7.8	5.6	4.7	2.8	4.4	4.0	7.9	5.9	2.8
11:30						7.3	5.4	5.5	4.0	3.7	5.4	4.8	6.5	7.4	3.7
12:00							20.7	6.8	4.6	5.1	8.1	6.4	8.3	8.8	4.6
12:30								13.4	3.2	4.8	7.7	6.5	10.0	8.7	3.2
13:00									3.9	5.2	8.2	7.6	7.7	9.1	3.9
13:30										8.4	10.2	10.3	8.6	14.0	8.4
14:00											12.0	11.5	10.3	16.3	10.3
14:30												17.1	14.9	21.7	14.9
15:00													17.8	21.9	17.8
15:30														22.0	22.0

因此，综合上述对观测组网时刻和当前常用水色传感器的观测能力分析，本研究认为对于高动态近岸/内陆的水环境监测，通过上午观测和下午观测的组合观测，可以将水环境要素定量监测的误差控制在 10 % 以下，Terra/Aqua 卫星组网观测也有效地提高了对水环境的监测能力，但其固有的误差仍在最优观测的两倍左右。

2. 场景 2：单次观测策略

针对目前大部分卫星遥感仍不具备每天两次观测能力的问题，本节研究设置观测场景为单次观测，评估不同观测时刻的水环境要素观测误差，探讨利用单次观测获取最优结果

表 4-8   **多种二次组网观测策略对 CDOM 观测精度的影响分析**

	9:30	10:00	10:30	11:00	11:30	12:00	12:30	13:00	13:30	14:00	14:30	15:00	15:30	16:00	Min
9:00	4.3	5.3	2.7	3.1	2.9	2.6	2.3	2.2	3.0	3.6	2.5	2.0	2.4	4.1	2.0
9:30		6.9	5.0	4.3	5.3	4.5	4.8	4.4	4.5	4.1	4.1	3.7	4.6	2.6	2.6
10:00			3.8	3.6	4.0	3.4	3.6	2.2	4.0	3.3	3.3	2.5	3.5	3.5	2.2
10:30				2.6	2.3	2.6	3.1	2.2	△2.3	2.2	2.1	2.2	*1.8	4.5	1.8
11:00					3.2	3.9	2.8	2.9	3.1	4.0	2.5	2.6	2.8	4.4	2.5
11:30						2.0	3.5	2.9	2.7	3.0	2.3	2.8	2.6	3.4	2.0
12:00							3.7	2.6	2.5	2.3	2.3	2.4	2.4	5.3	2.3
12:30								4.5	3.8	3.6	4.3	3.8	4.1	4.5	3.6
13:00									3.2	4.1	3.7	3.9	3.7	6.7	3.2
13:30										3.1	3.4	2.4	3.0	5.1	2.4
14:00											3.2	3.4	3.7	7.1	3.2
14:30												2.7	3.0	6.1	2.7
15:00													3.6	6.6	3.6
15:30														6.0	6.0

的观测策略。图 4-7、图 4-8 和图 4-9 分别展示了浊度、叶绿素和 CDOM 的均值、最大值和最小值的观测误差随观测时刻的变化趋势图。因此可以通过此图评估：①不同观测时刻和已有水色卫星的水环境要素观测能力和误差水平；②根据误差达到最低水平的时刻分布，获取针对不同水环境要素的最佳观测时刻。为了对比常用水色卫星的观测误差水平，Terra/MODIS，Aqua/MODIS 以及 Terra/Aqua MODIS 的观测误差也绘入图中作为对比参考线。

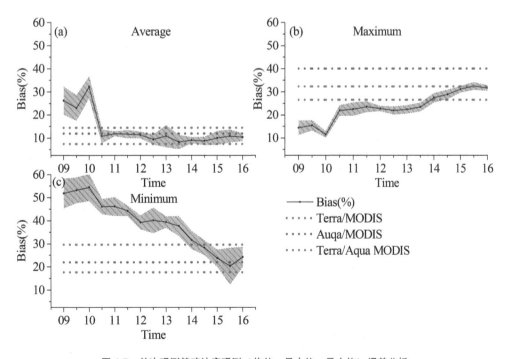

图 4-7 单次观测策略浊度观测（均值，最大值，最小值）误差分析

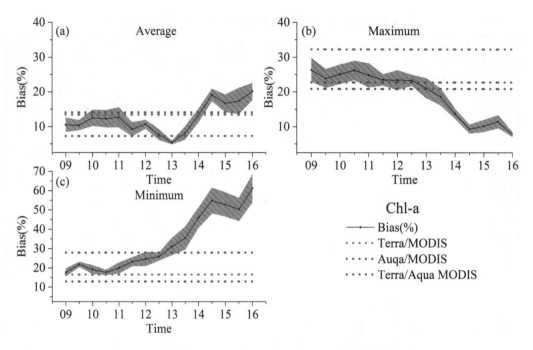

图 4-8　单次观测策略叶绿素观测（均值、最大值和最小值）误差分析

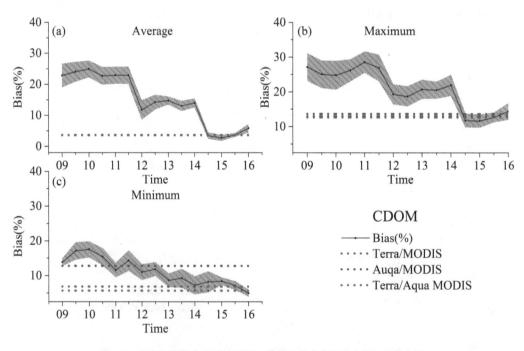

图 4-9　单次观测策略 CDOM 观测（均值、最大值和最小值）误差分析

　　浊度均值的观测误差随着观测时刻由上午到下午的变化显著降低，在上午 10：00 左右出现最大误差值 35 %，而在中午 13：30 左右出现最小观测误差 10 %。Terra/MODIS 和

Aqua/MODIS 的观测误差为 12 % ～ 15 %，而通过 Terra/Aqua MODIS 的组合观测，误差水平可下降到 8 % 左右。浊度最大值和最小值的观测同样出现随观测时刻的变化，观测误差逐渐降低的趋势，其最佳观测时刻分别为上午 10:00 和下午 15:30。但由于最大值和最小值观测的时刻特性，Terra/MODIS 和 Aqua/MODIS 均会造成较大的观测误差，分别为 35 % 左右，即使通过 Terra/Aqua MODIS 的组合观测，也无法达到最优观测的误差水平。

针对叶绿素和 CDOM 的观测时刻误差分析，得出其均值、最大值和最小值的观测时刻分别为叶绿素：13:00，14:30，10:30；CDOM：15:00，14:30，16:00，其最佳观测时刻的误差约为 5 %。针对叶绿素均值的观测，单独使用 Terra/MODIS 或者 Aqua/MODIS 的固有误差约为最优观测误差的 3 倍。通过 Terra/Aqua MODIS 的组合观测可以将其误差控制在最优观测之内。而对 CODM 的观测，通过分析我们得出下午的观测可以更有效地捕捉其动态变化。

综上，利用高频次实测数据，揭示了我国典型内陆湖泊——鄱阳湖水环境的高动态变异特性，分析了其水环境要素的典型时间尺度，探讨了其最优观测策略，提出为了获取最优的观测精度，需要做到：①保证至少每天两次的有效观测频次，以确保各水环境要素的观测误差在 30 % 以内；②当无法满足多次观测的时候，需要考虑观测时刻的不同引起的观测误差，同时考虑通过多源卫星数据组网观测，以提高对水环境动态监测的能力。

4.2 基于高频次地球同步卫星 GOCI 数据的近岸水环境时间尺度研究

针对我国近岸/内陆水体高动态水环境变化特性，采用地球同步卫星水色传感器 GOCI 的每天 8 次的高频次观测数据，基于上述统计分析的研究思路，将水环境遥感观测策略的分析扩展到我国近岸/内陆水体区域，探讨我国近岸/内陆水环境遥感观测策略。

4.2.1 GOCI 数据处理与分析

GOCI 数据的预处理包括由原始 0 级数据通过几何校正和辐射定标，得到定标后的天顶辐照度数据（TOA radiance），然后进行陆地掩模、云掩模，对有效观测像元实施大气校正，由于 GOCI 每天获取每个时刻的影像，太阳天顶角和方位角变化影响较大，需要进行观测几何变化引起的二向性反射校正，获取高精度的离水辐亮度（nLw）或遥感反射率数据（Rrs）。最后通过水色产品反演算法建模，地面实测数据的验证，得到每天 8 景的 GOCI 水环境要素产品，包括 TSS，Chl-a 和 CDOM 时空分布产品（图 4-10）。

本研究中对 GOCI 数据的处理采用了最新版本的官方处理软件 GOCI Data Processing System（GDPS，V1.3.0，2014）。在最新的 GDPS 处理算法中，首先更新了 GOCI 数据的替代定标系数，将 GOCI 数据的辐射定标精度提高到了 1 % 以内。同时改进了针对二类浑浊水体的大气校正算法，采用了最新发展的经验多项式拟合模型，通过近红外波段迭代算法，实现了浑浊水体区域的大气校正并进行了实测验证（Lee et al., 2013）。为了降低观测几何变化引起的水体二向性反射，GDPS 采用了角度-风速函数进行校正（Morel and

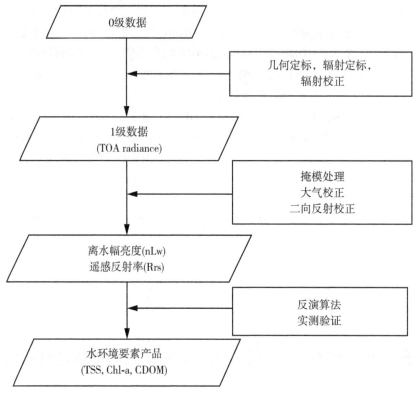

图 4-10　GOCI 数据处理流程图

Prieur，1977；Wang，2002，2005）。利用上述大气等校正后遥感反射率数据，通过参数反演获得了包括 TSS、Chl-a 和 CDOM 的水环境要素产品。

　　GOCI 数据的水色产品包括 TSS、Chl-a 和 CDOM 时空分布数据已经得到了广泛的验证和水环境监测应用。通过大量实测数据与交叉对比分析，GOCI 离水辐亮度的数据质量可以达到与 Aqua/MODIS 基本一致的精度水平（Choi et al.，2014）。Moon 等利用两年的多个近岸水体区域的地面观测与卫星观测的同步数据，验证 GOCI 叶绿素和 CDOM 产品的精度和与地面同步实测数据的相关性均较低，绝对误差达到 35 % 以上甚至 70 %，相关性低于 0.4，而 TSS 产品的精度和相关性较高（$R^2 = 0.87$）（Moon et al.，2012）。由于近岸/内陆水体多是高动态浑浊二类水体，光学特性较为复杂，叶绿素和 CDOM 反演的精度较难控制，因此，本研究中只使用了 TSS 产品进行观测策略的分析。TSS 产品的精度和捕捉近岸/内陆水体高动态特性的有效性已经得到了广泛的论证和应用（Doxaran et al.，2014；Choi et al.，2014；Choi et al.，2013；Ruddick et al.，2012）。

　　本研究选取了 2014 年全年的每天 8 次观测的 GOCI 数据，共计 2232 景遥感影像，利用 GDPS 实现批处理获得高频次的我国近岸/内陆（太湖）水环境监测的产品。利用图 4-11 的观测策略研究思路，首先针对每天 8 景的 TSS 水环境产品，通过云掩模获取每日的公共有效观测区域，计算公共区域的 TSS 日均值作为观测误差分析的基准数据。通过对每

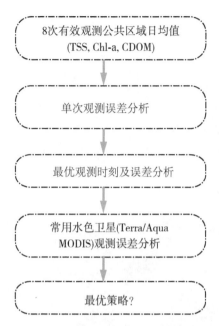

图 4-11 基于 GOCI 高频次观测数据的近岸/内陆水环境遥感观测策略研究思路

个观测时刻的误差分析，统计得到年平均的误差分析结果、评估观测时刻差异引起的观测误差以及常用水色卫星传感器 Terra/Aqua MODIS 的观测误差，为我国近岸/内陆水环境的高精度监测提供支撑。

4.2.2 近岸水环境要素观测误差与策略分析

图 4-12 分别展示了我国近岸/内陆水体 TSS 不同时刻的观测误差时空分布趋势图。该趋势图揭示了 TSS 观测时刻误差的两个典型特征：①从 08:30—15:30，不同时刻的观测误差存在显著的差异性，该差异特征也论证了不适当的或者不充足的遥感观测将引入较大的水环境观测的误差和不确定性，同时也证明了最优观测时刻分析的合理性和存在性；②从空间分布上，观测时刻误差存在典型的区域差异性，即不同的观测区域，由于其水环境动态变化特征的不同，其观测时刻误差和最优观测策略的选取都存在差异，需要根据研究区域进行区域化的调整。因此本节将针对上述两个问题做进一步的探讨。

首先针对 GOCI 数据有效覆盖的我国近岸/内陆水体，分析了整体上的观测误差分布趋势。图 4-13 给出了我国近岸/内陆水体 TSS 观测时刻误差统计直方图，其中柱状图为直方图分布数据，实线为累加概率分布。表 4-9 列出来基于误差直方图的各个观测时刻的误差分析数据表，以误差均值、误差峰值、30 % 误差比（即小于 30 % 的误差所占整体的比例）和误差标准差作为评判标准，分析最优观测时刻及观测策略，较小的误差均值和误差峰值代表该时刻的观测效果较优。从 08:30—15:30，TSS 的观测误差均值变化为 31.6 %，32.5 %，29.9 %，30.7 %，29.5 %，31.1 %，21.5 %，69.7 %，即在 14:30 的观测误差达到最小。从整体区域的误差水平来看，该时刻的观测可以达到最佳的观测

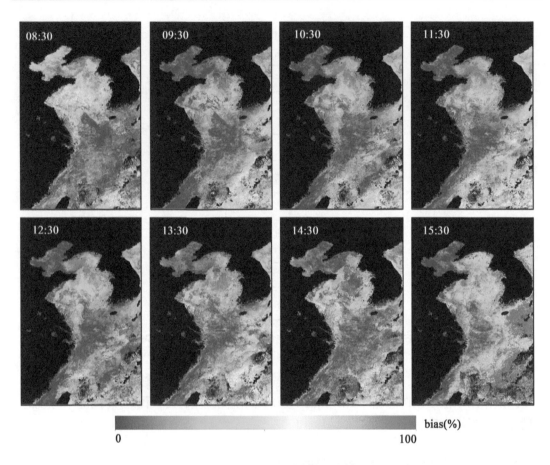

图 4-12　我国近岸/内陆水体 TSS 观测时刻误差时空分布图

效果。

表 4-9　　　　　我国近岸/内陆水体 TSS 观测时刻误差分析

时间	8:30	9:30	10:30	11:30	12:30	13:30	14:30	15:30
误差均值（%）	31.6	32.5	29.9	30.7	29.5	31.1	21.5	69.7
误差峰值（%）	23.3	16.7/32.1	15.1/29.5	15.1/29.9	14.8/33.2	18.2	12.4	19.4/50.3
30%误差比	61%	55%	62%	58%	58%	59%	81%	27%
误差标准差	19.6	22.4	18.7	17.2	17.3	19.3	15.0	43.5

同时，从 08:30—15:30，TSS 的观测误差峰值变化为 23.3%，16.7%/32.1%，
15.1%/29.5%，15.1%/29.9%，14.8%/33.2%，18.2%，12.4%，19.4%/50.3%。

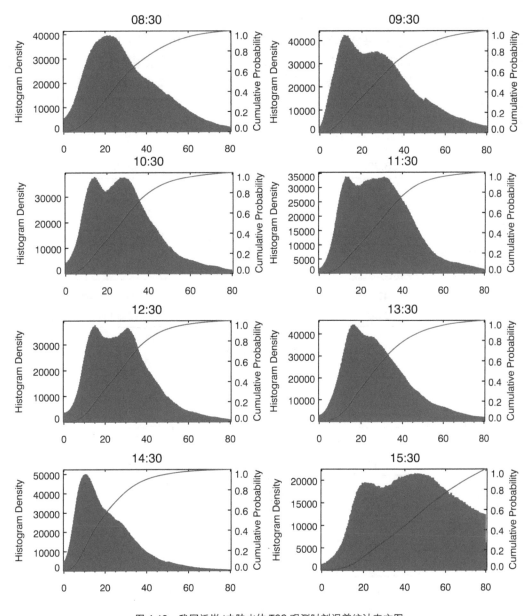

图 4-13 我国近岸/内陆水体 TSS 观测时刻误差统计直方图

结果表明也是在 14:30 的观测误差达到最小，其误差水平集中在 12.4%。其他时刻如 09:30 等存在典型的双峰现象，其中较小的误差峰对应于图 4-12 中误差较低的区域，较大的峰值对应于误差较高的区域。即这些观测时刻不利用整体区域的观测。30% 误差比代表了小于 30% 的误差所占的整体区域的比例，该值越大，表示满足精度优于 30% 的区域越多，观测效果越好。综合上述各个观测时刻的误差分析，对于我国近岸/内陆水体的观测，在 14:30 实施观测，可以有效提高观测精度，降低整体误差水平。

　　由于不同区域的观测误差存在一定的差异性，为了更有效地获取不同区域的最优观测时刻，选取了多个典型子区域，包括太湖、渤海湾、长江口和南海区域，并对各个子区域进行上述的误差分析，结果分别如图 4-14、图 4-15、图 4-16 和图 4-17 所示：各个子区域的误差分布存在明显的区域性差异，其中太湖水体整体的误差水平较小，分布较集中；渤海湾误差分布略大于太湖，且观测时刻误差变化增大；长江口水体的误差水平相对较高，动态变异较大，且存在双峰现象，说明该区域内的不均一变异特性较明显；南海区域水体相对误差变化较明显。

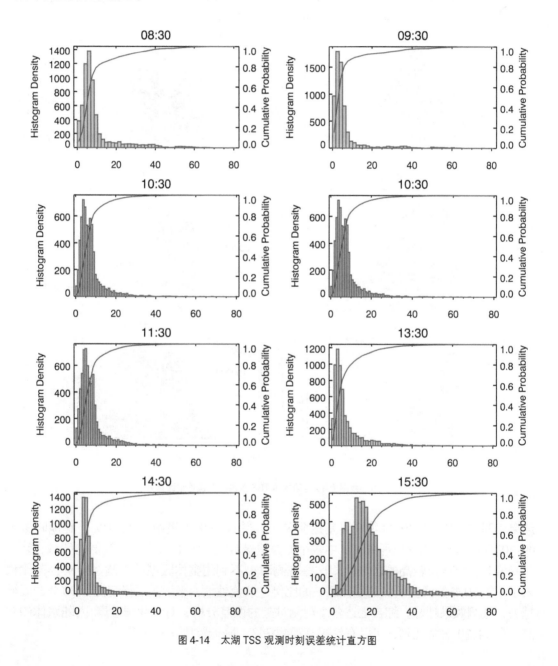

图 4-14　太湖 TSS 观测时刻误差统计直方图

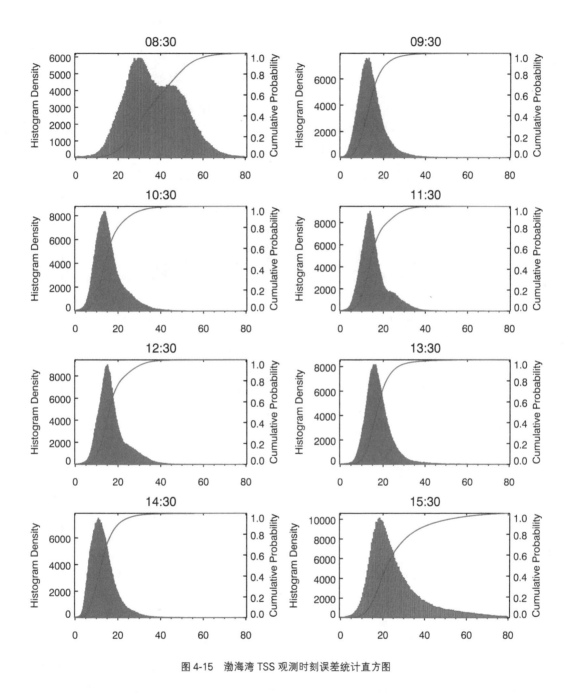

图 4-15 渤海湾 TSS 观测时刻误差统计直方图

  表 4-10 和图 4-18 分别给出了我国近岸/内陆典型区域太湖、渤海湾、长江口和南海的
TSS 观测时刻 30 % 误差比分布表和误差均值分布图。对于太湖水体，由于观测时刻变化
引起的 TSS 观测误差整体较小，其均值水平多处于 15 % 以下，且约 90 % 以上的区域误差
小于 30 %，除了 08:30 和 15:30 两个时刻的观测误差相对偏大，其余观测时刻结果较为
一致，因此对太湖水体的观测由于其相对日内变化较小，可以选择上午 09:00 到下午

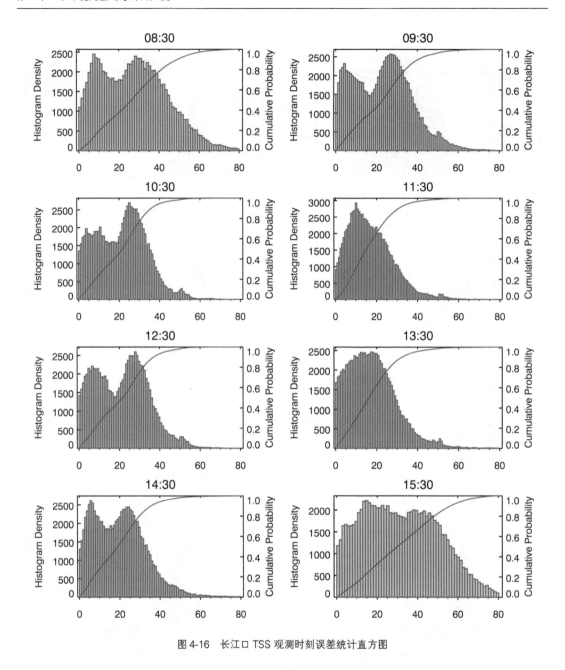

图 4-16　长江口 TSS 观测时刻误差统计直方图

14:30的观测窗口。渤海湾的误差水平略高于太湖，平均误差水平在 20 % 左右，08:30 和 15:30 两个时刻的观测误差较大，达到 30 % ~ 40 %，其他时刻误差变化相对稳定。长江口的水体动态变化较显著，误差均值水平呈现下降再上升的趋势，在 13:30 达到误差最低值，且该时刻 30 % 误差比达到 82 %，11:30 的误差水平与之相当，其余时刻的观测误差相对较大。南海除去 15:30 的观测以外，整体表现出误差先升高再降低的趋势，在 08:30 和 14:30 误差较小，但 14:30 的 30 % 误差比较高，更有利于观测精度的提高。

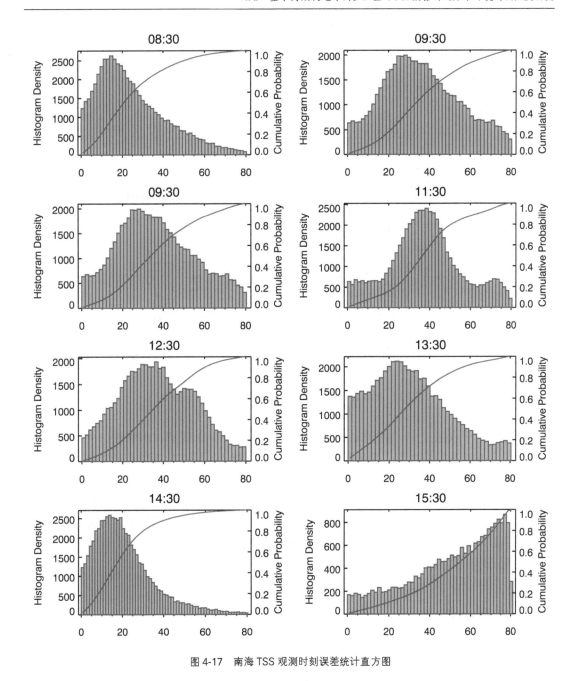

图 4-17 南海 TSS 观测时刻误差统计直方图

表 4-10　　我国近岸／内陆水体 TSS 观测时刻误差 30 %误差比分布表

时间	8:30	9:30	10:30	11:30	12:30	13:30	14:30	15:30
太湖	92 %	93 %	94 %	95 %	95 %	95 %	95 %	88 %
渤海湾	37 %	98 %	98 %	98 %	98 %	98 %	98 %	75 %
长江口	61 %	62 %	78 %	81 %	77 %	**82 %**	77 %	56 %
南海	64 %	48 %	48 %	31 %	42 %	57 %	**85 %**	29 %

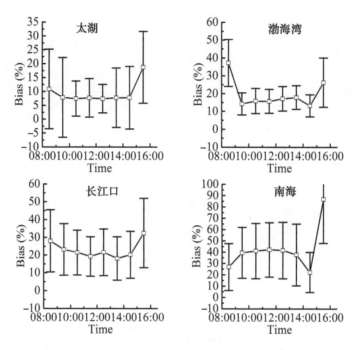

图 4-18　我国近岸/内陆水体 TSS 观测时刻误差均值分布图

综上，对于我国近岸/内陆水体整体区域的观测，其最优观测时刻和窗口为 14:30 左右，可以有效提高观测精度，降低整体误差水平。而对于不同变化特性的研究区域，最优观测时刻具有区域差异性。其中太湖和渤海湾在 09:00—14:30 的观测窗口均可达到较高的观测精度，长江口高动态水体最优观测窗口为 11:30—13:30，达到误差最低值，且该时刻 30 %误差比达到 82 %。而南海的较优的观测时刻在 08:30 和 14:30。因此，考虑到上述观测窗口的差异，在针对不同动态特性水体的现场和卫星遥感观测时，需要选择相对应的观测窗口以达到最优化的水环境观测精度。

4.3　本章小结

本章针对近岸/内陆水环境高动态变化特性，采用基于浮标自动观测系统数据和地球同步观测卫星水色传感器 GOCI 高频次水色遥感数据，研究了近岸/内陆典型水环境要素的时间变异尺度，探讨了我国近岸/内陆水环境遥感监测的最优策略：

（1）利用浮标高频次实测数据，分析了我国典型内陆湖泊——鄱阳湖的高动态变化特性：其浊度日内变化比最大为 16.4，日间变化比最大达到 147.6；叶绿素日内和日间比最大分别为 10.1 和 34.8；CDOM 的日内和日间比最大分别为 17.7 和 28.2。基于半变异函数时间变异尺度分析方法，揭示了鄱阳湖水环境要素的典型时间变异尺度，浊度的平均变程值约为 17.5 h，叶绿素和 CDOM 的变程均值分别为 6.6~12.6 以及 8.4~9.4。由于其高动态变异特性,进一步分析探讨其最优观测策略,提出为了获取最优的观测精度,需要:①保证至少每天两次的有效观测频次,以确保各水环境要素的观测误差在30%以内;②当无法满足多次观测的时候,需要考虑观测时刻的不同引起的观测误差。通过Terra/Aqua卫星组网观测也有效提高了对水环境的监测能力,可以将水环境要素定量监测的误差控制在10%以下,但其固有的误差仍在最优观测的两倍左右。因此,需要考虑通过多源卫星数据组网观测,以提高对水环境动态监测的能力。

(2) 基于全年的GOCI每天8次的高频次遥感观测数据,采用统计分析方法,探讨了我国近岸/内陆水环境遥感观测策略。对于我国近岸/内陆水体整体区域的观测,其最优观测时刻和窗口为14:30左右,可以有效提高观测精度,降低整体误差水平。而对于不同变化特性的研究区域,最优观测时刻具有区域差异性。其中,太湖和渤海湾在09:00—14:30的观测窗口均可达到较高的观测精度,长江口高动态水体最优观测窗口在11:30—13:30,达到误差最低值,且该时刻30%误差比达到82%。而南海的较优的观测时刻在08:30和14:30。因此,考虑到上述观测窗口的差异,在针对不同动态特性水体的现场和卫星遥感观测时,需要选择相对应的观测窗口以达到最优化的水环境观测精度。该成果对发展高精度水色遥感观测策略具有重要的现实意义。

第5章 水环境定量遥感空间尺度

近岸/内陆水环境遥感空间尺度的研究以最优空间尺度观测策略和多源多尺度遥感数据一致性应用为目标,包含三个关键问题:①我国近岸/内陆典型水环境遥感监测的最优空间尺度需求;②多源多空间尺度遥感数据和产品的差异与不一致性分析;③多源多空间尺度遥感数据和产品的一致性校正。本章的研究充分利用我国最新的 GF-1 WFI 高空间分辨率遥感数据,以长时序 16 m 空间分辨率为基础,研究我国近岸/内陆水环境的空间变异特征,以及多源遥感数据一致性分析方法,具有重要的理论和现实意义。

5.1 典型水环境参数空间尺度研究的理论基础

遥感影像观测尺度或者空间分辨率决定了遥感数据所获得的最小空间变异单元,小于遥感观测空间尺度的地表参数变异无法被有效解析。最佳空间尺度的大小与地理要素自身的空间变异特征有潜在的关系,因此,如何定量化描述地球系统过程和现象的空间特征是空间尺度研究的关键之一。遥感影像的最佳空间尺度或者空间分辨率,受所研究的地理要素的内在空间特征和研究需求的影响。随着遥感影像空间分辨率的降低和地物目标本身空间异质性的增加,由遥感参数反演模型的非线性和不均一像元引起的,遥感反演获取的地表参数产品存在典型的尺度效应(Chen, 1999;陈军等, 2008)。针对水环境尺度效应的研究也已经证明了由于遥感空间分辨率的不足,造成了对全球水色产品统计和分析的低估(Lee, Hu et al., 2012;陈军等, 2010)。由于过低或者过高的空间分辨率分别会造成空间信息监测能力的不足或者信息的冗余,数据存储、处理、分析的资源浪费,因此,根据地表要素的典型空间变化特征,研究其最优空间监测尺度具有重要意义。

基于空间统计学空间自相关理论的遥感影像尺度问题研究方法是目前应用较为广泛的一种方法。依据空间上邻近的地物之间的相关程度要强于空间上距离较远的地物的基本地理学基本规律,Woodcock 和 Strahler 提出的局部方差(local variance)方法(Woodcock and Strahler, 1987),Markowitz 提出的半方差(semivariance,也称为变异函数)方法(Markowitz, 1968)。半变异函数是定量化描述空间依赖性和异质性的一个综合性指标。通过循环计算研究区域内由特定空间距离间隔的同一地表要素变量的差异,获取多种尺度上对区域化随机变量的变异性量度。

经验性半变异函数的计算公式如公式（5-1）所示，$r(h)$ 为区域化半变异函数值，$z(x)$ 为地理要素在位置 x 处的变量值，$z(x+h)$ 是与位置 x 相距 h 的地理要素的变量值，$N(h)$ 为相距 h 的点对数目。$r(h)$ 表征了半变异函数的经验估计值，通过最小二乘法实现非线性拟合（公式（5-2））。即可得到半变异函数的理论模型（公式（3-3）），常用的拟合模型有球状模型、指数模型、高斯模型，本研究根据数据情况和经验，选择使用较为通用的球状拟合模型。

经验半变异函数：

$$r(h) = \frac{1}{2N(h)} \left[z(x) - z(x+h) \right]^2 \tag{5-1}$$

拟合半变异函数：

$$r'(h) = c_0 + c_1 \left[\left(\frac{3h}{2a} \right) - 0.5 \left(\frac{h}{a} \right)^3 \right] \tag{5-2}$$

最小二乘法：

$$\min = \sum \left(r(h) - r'(h) \right)^2 \tag{5-3}$$

图 5-1 给出了一个经验半变异函数和拟合的理论模型结果示意图。拟合的理论模型提供了可定量化描述空间变异的三个重要参数：变程 a（range）、块金值 C_0（nugget）和基台值 C_0+C_1（sill）。变程 a 表征了地理要素的空间变异尺度，空间距离大于变程 a 的地理变量将不具有空间相关性，即空间异质性会对统计结果产生影响。块金值 C_0 表示在当前空间尺度下，由于空间内变异引起的不能被解析的空间变化信息，即小于当前观测尺度的空间变异特征。基台值 C_0+C_1 表征了研究区域的整体空间最大变异程度。

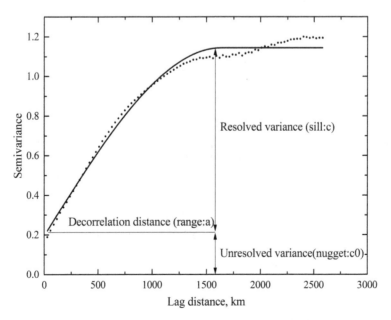

图 5-1 经验（点）和拟合（实线）的半变异函数示意图

5.2　典型水环境参数空间尺度变化分析

5.2.1　研究区域与数据

本节针对我国水环境变化的空间特点，选择了两个典型内陆湖泊（鄱阳湖和太湖），3 个河口海岸（渤海湾、长江口和珠江口）以及 1 个外海区域水体作为参考，研究我国典型水环境的空间尺度特征。各研究区域的情况简介如下。

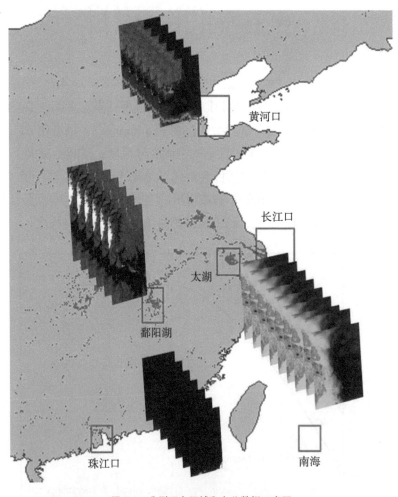

图 5-2　典型研究区域和高分数据示意图

1. 鄱阳湖

鄱阳湖位于江西省北部，介于北纬 28°22′～29°45′，东经 115°47′～116°45′，是我国最大的淡水湖泊，也是我国仅次于青海湖的第二大湖泊。鄱阳湖是我国十大生态功能保护区之一，也是世界自然基金会划定的全球重要生态区之一。鄱阳湖具备良好的洪水调蓄能力以及保护生物多样性的生态功能，对于维系长江中下游乃至我国的生态安全都具有举足轻重的地位。湖泊面积的剧烈变化可以为研究不同面积大小的湖泊水色遥感定量难题提供天然实验场。同时，由于鄱阳湖受气候变化、人为活动（如采砂等）、湿地生态系统过程等多种因素的影响，其光学特性异常复杂，湖区内既有悬浮泥沙浓度很高的高浑浊水体，也同时存在相对较清洁的水体，为水环境遥感实验提供了良好的条件。因此，开展鄱阳湖流域生态环境动态监测，对于加强鄱阳湖流域的有效管理，提高遥感在鄱阳湖水环境的监测能力，具有重要的现实意义。

2. 太湖

太湖位于长江三角洲，是我国五大淡水湖之一，水面面积约2338 km^2。经济的快速发展，对资源的过度消耗，造成了太湖流域生态环境急剧恶化。特别是水污染与富营养化问题，导致大部分水体处于中度及极度富营养状态。2007 年 5 月间的太湖蓝藻暴发事件，更加引起了人们对太湖水环境安全问题的关注（陈云和戴锦芳，2008）。目前，遥感技术在太湖水环境的监测多以 MODIS（Hu，Lee et al.，2010）、GOCI（Wang，Ahn et al.，2013）及 Landsat 等数据（Zhao et al.，2011），研究其典型水环境要素时空变化，但仍缺乏对其时空变异尺度的研究。

3. 渤海湾、黄河口、长江口、珠江口

渤海湾、黄河口、长江口、珠江口等近岸水体由于受周围频繁的人类活动和入流、潮汐等水动力因素影响，海陆相互作用明显，光学特性复杂，是典型的二类浑浊水体。由于其极高的且高度动态变化的悬浮物及其他水色要素特征，应用遥感技术的遥感参数反演和水环境监测得到了广泛关注。然而，由于其高动态时空变化特征（Choi et al.，2014；He et al.，2013；Xiaoling et al.，2004），传统的遥感监测手段多受到时空分辨率不足的问题限制（Ruddick et al.，2012；Shi，Wang and Jiang，2011；Aurin，Mannino and Franz，2013），高时空分辨率的遥感监测需求是本研究的重点，因此选择这些近岸典型水体区域作为研究区，开展其遥感水环境监测的空间变异尺度和短周期时间变化特性的探索，有助于发展最优观测策略，提高遥感水环境监测能力。

4. 南海

为了更客观地研究我国近岸/内陆水体水环境的时空变化特征，本研究同时选择了南海相对稳定的海水区域作为相对清洁水体参考，分析近岸/内陆水体与相对清洁水体在时空尺度上的差异。

综上所述，本研究综合选取了多个高动态二类水体作为典型研究区域，针对每个研究区域，分别挑选了 2013 年年初到 2014 年年底所有可用的无云 GF-1 WFI 影像。其中包括：鄱阳湖 15 景，太湖 8 景，渤海湾和黄河口 11 景，长江口 9 景，珠江口 7 景，以及南海海域 3 景。所有的影像经过辐射定标，MODIS 数据辅助的大气校正（Zhang，Tang et al.，2014），获取遥感反射率影像作为研究分析基准数据。

5.2.2　空间尺度分析

以 2013—2014 年多时相 GF-1 WFI 16 m 空间分辨率遥感数据为基础, 我们利用半变异分析方法, 分别研究了我国近岸/内陆典型水环境要素空间变化尺度。图 5-3 分别给出了鄱阳湖、太湖、渤海湾、长江口、珠江口和南海海域的空间尺度分布图。

首先, 近岸/内陆水体与外海水体存在典型的空间尺度的差异, 近岸/内陆水体的空间变异尺度平均在 150 m 以下, 而外海由于其水环境要素空间变化相对稳定, 因此空间尺度变化在 300 m 以上。类似的空间特征在近岸区域具有明显的空间分布差异, 以渤海湾、长江口和珠江口为例, 靠近陆地、河流入流的区域往往表现出较高的空间动态变化特征, 因此需要更高的空间分辨率对其进行监测。

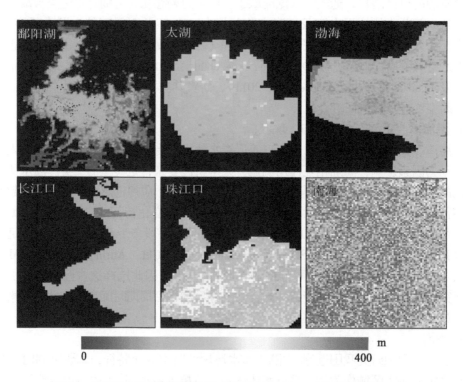

图 5-3　我国近岸/内陆水环境典型空间变异尺度 (range) 分布图 (单位: m)

其次, 对于不同的近岸/内陆水体, 由于各自的水体组分、光学特性、外界影响因素的不同, 其空间变异尺度也表现出较明显的区域化特性。其中, 鄱阳湖的平均空间尺度约为 80 m, 太湖为 140 m, 渤海湾为 100 m, 长江口为 100 m, 珠江口 160 m。并且, 鄱阳湖五河入流处、长江口入流处均表现出较低的空间变异尺度。由于传统的水色传感器如MODIS, 其可用于近岸/内陆水环境监测的影像数据的空间分辨率为 250 m, 远低于这些区域自身的空间变异尺度, 因此, 传统的水色传感器数据在近岸/内陆水环境监测中虽然发挥了长时序、大范围监测的优势，但是由于空间分辨能力的不足，同时引起了对于空间变异信息的解析能力的不足。

图 5-4 给出了各区域的块金值（nugget）空间分布图，表示了在当前空间尺度下，由于小于该空间分辨率（GF-1 WFI 16 m）的水环境变异引起的无法被解析的空间动态变化信息。因此，图 5-4 的结果表明，近岸/内陆水体存在较大程度的空间动态信息，在 16 m 高空间分辨率遥感数据的基础上，平均仍有 15 %～20 %的小空间尺度变化信息，而南海水域的平均块金值约为 5 %。同时各近岸/内陆水体表现出河口入流处，人为活动较活跃的区域（如鄱阳湖采砂区）的高空间动态特征。虽然本研究的初步结果认为传统的水色传感器的空间解析能力不足，但是并不影响其对近岸/内陆水环境整体时空动态和趋势的监测能力。高空间分辨率遥感数据可以更详尽地获取高空间动态的变化信息，对于理解区域性的水环境时空动态过程更有益，而 MODIS 等水色传感器的优势更在于全球海洋环境的大尺度时空动态监测。

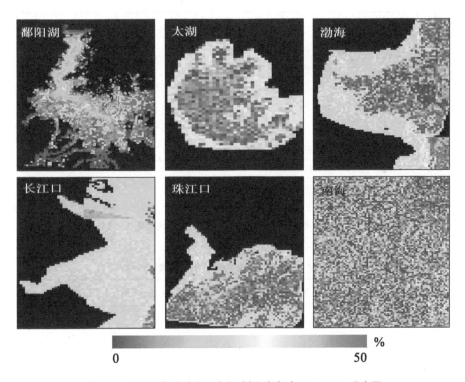

图 5-4　我国近岸/内陆水环境典型空间解析度（nugget）分布图

以 GF-1 WFI 16 m 高空间分辨率数据为基础，通过逐级递减分辨率的方法，获取了相同研究区域 30 m、100 m、250 m 空间分辨率的多尺度遥感数据，并分别采用半变异函数分析方法，获取了不同空间尺度遥感影像对水环境监测能力的结果，如图 5-5 所示。为了分析空间尺度变化对不同类型水体的定量分析能力，进一步分别选取了高浑浊水体和低浑浊水体区域进行对比分析。拟合后的半变异模型显示，高浑浊水体相对于低浑浊水体具有更高的块金值（未被解析的变量部分），以及更高的变异函数（总的空间变异信息）。同时，随着空间分辨率的降低，高低浑浊水体均表现出块金值逐渐增大的趋势。表 5-1 总结了空间尺度变化对两种典型水体的定量监测能力的影响，其结果也与上述的分析结果一致。

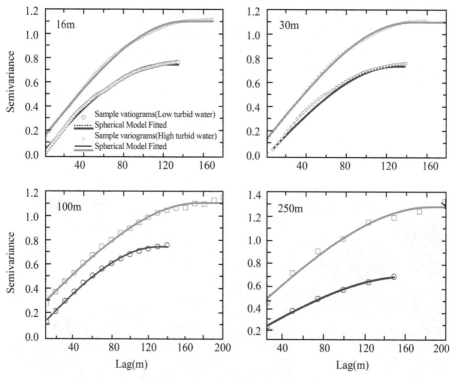

图 5-5　典型水环境空间尺度变异特征（空心圆点：低浑浊水体经验半变异值；空心矩形：高浑浊水体经验半变异值；蓝色实线：低浑浊水体拟合半变异函数，黄色实线：高浑浊水体拟合半变异函数）

表 5-1　　　　　　　　　　空间尺度变化对空间信息解析能力的影响分析

Resolution（m）	ROI	Nugget	Sill	Range（m）	Unresolved variance（%）
16	LT	0.18	0.74	77	20
	HT	0.22	0.80	91	22
30	LT	0.20	0.68	81	23
	HT	0.26	0.81	94	24
100	LT	0.28	0.80	72	26
	HT	0.38	0.79	94	33
250	LT	0.29	0.71	88	29
	HT	0.43	0.82	146	35

为了进一步论证上述空间尺度分析的合理性，本研究同时采用了基于影像等效噪声反射率的统计方法。该方法的理论基础是：水色传感器对地表要素变化的监测能力受到传感器自身噪声的影响，当地表要素自身的变化水平低于传感器的噪声水平时，则无法获取地表信息变化的有效信号。传感器的噪声水平可以通过信噪比或者等效噪声反射率来表征。本书在第五章中分析了 GF-1 WFI 的传感器信噪比和等效噪声反射率。在 16 m 遥感数据的基础上，通过不断空间聚合的方法降低空间分辨率（如 2×2 降低到 16×16），随着空间分辨率的降低，由于像元内不均一变化引起的空间方差会逐渐增大。当某一空间尺度下空间方差小于传感器噪声水平时，可以认为空间变化信息是无法被传感器有效监测的，即是可以忽略的空间变异。只有当空间方差大于传感器自身噪声水平时，才可以被有效捕捉到其空间动态变化。因此，当空间尺度不断降低直到与噪声一致的水平时，即被认为该尺度是统计上的最低空间尺度需求。

图 5-6 显示了空间尺度变化与空间方差变化的直方图统计结果，其中黑色竖线表征了传感器的等效噪声反射率（红光波段：0.0006 sr-1），横坐标为空间方差。空间聚合尺度为从 2×2 到 16×16，代表了空间分辨率由 32 m 降低到 256 m 时。空间分辨率的降低引起了更高的像元内变异水平，80 % 左右的空间变异可以在 2×2（32 m）的空间尺度上被解析，当空间分辨率降低到 256 m 时，整体被有效解析的空间变异信息降低到 55 %。通过这种方法获取了不同类型水体剖面的空间尺度需求，如图 5-7 所示。对于河口、高度浑浊水体、采砂区等区域的水环境监测，其最优空间尺度为 50～100 m；而低浑浊或者相对清

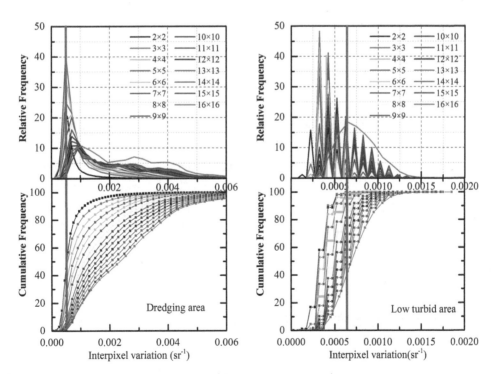

图 5-6　空间分辨率降低对空间信息解析能力的影响分析

洁稳定水体区域，其空间尺度约为 350 m 以上。该结果与基于半变异函数分析方法的结果基本一致，也互相印证了本研究结果的可行性。

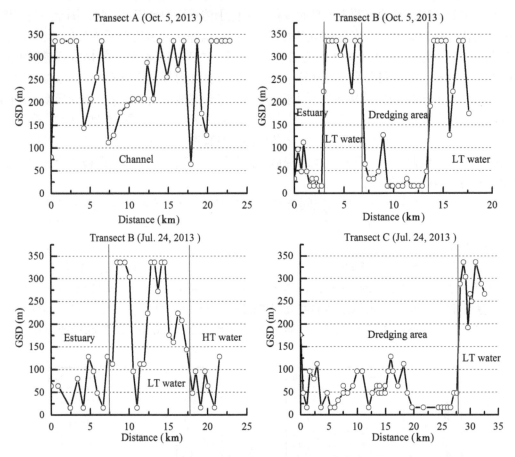

图 5-7　不同类型水体水环境遥感监测对空间分辨率的需求

我们利用多景 GF-1 WFI 16 m 高空间分辨率遥感数据，分析了我国近岸/内陆水体多个典型区域的水环境变化空间尺度特征。结果表明，不同区域、不同类型的水体，其空间尺度变化也存在着较大的区域性差异，对最优空间尺度的需求也多高于目前常用的水色传感器如 MODIS，MERIS，GOCI 等的空间分辨率。考虑到目前常用的水色卫星的数据和产品的多尺度特性，定量化描述尺度差异对水色遥感数据和产品的影响是本研究的一个重点之一。

5.3　典型水环境参数空间尺度差异对定量遥感影响的研究

由于水环境遥感参数自身的空间异质性和反演模型的非线性，不同空间尺度的水色遥感产品存在空间尺度误差的问题。

5.3.1 尺度误差分析理论

目前有两种常用的由高空间分辨率遥感数据尺度上推到低空间分辨率遥感数据的途径。以总悬浮颗粒物（TSS）反演为例，由高空间分辨率的遥感反射率数据（ρ）上推得到低空间分辨率的 TSS 产品有两种方法：第一种方法，在原始高空间分辨率数据上，通过 TSS 反演模型 $f(\rho)$ 得到高空间分辨率的 TSS 产品，然后通过空间聚合方法得到低空间分辨率的 TSS 产品（TSS_{mean}）。第二种方法，首先通过空间聚合获取低空间分辨率的 ρ_{mean}，然后通过 TSS 遥感反演模型 $f(\rho_{\text{mean}})$ 直接计算得到低空间分辨率的 TSS_{app}。

$$\text{TSS}_{\text{mean}} = \frac{1}{n} \sum_{i=1}^{n} f(\rho_i) \tag{5-4}$$

$$\rho_{\text{mean}} = \frac{1}{n} \sum_{i=1}^{n} \rho_i \tag{5-5}$$

$$\text{TSS}_{\text{app}} = f(\rho_{\text{mean}}) \tag{5-6}$$

在假设传感器的成像函数为一个标准的矩形窗函数的理想状态下，第二种尺度上推方法可以认为更接近地表参数变量的真实值。因此，以悬浮颗粒物为例的水环境要素定量监测的遥感尺度误差可以表达为：$\varepsilon = \text{TSS}_{\text{app}} - \text{TSS}_{\text{mean}}$。由于地表参数的变化如悬浮颗粒物空间变化多是自然、连续的空间过程，因此，此处我们可以利用泰勒公式将 TSS_{mean} 函数在 ρ_{mean} 处展开，并忽略残余项较小的三次及三次以上的展开项，具体过程见公式（5-7）。通过上述简化计算，最终得到空间尺度误差的定量表达式为

$$\varepsilon = -\frac{f''(\rho_{\text{mean}})}{2} \cdot \text{STD}\left(\sum_{i=1}^{n} \rho_i\right)$$

$$\begin{aligned}
\varepsilon &= \text{TSS}_{\text{app}} - \text{TSS}_{\text{mean}} \\
&= f\left(\frac{1}{n} \sum_{i=1}^{n} \rho_i\right) - \frac{1}{n} \sum_{i=1}^{n} f(\rho_i) \\
&\approx -\frac{1}{n} \sum_{i=1}^{n} f'(\rho_{\text{mean}})(\rho_i - \rho_{\text{mean}}) - \frac{1}{n} \sum_{i=1}^{n} \frac{f''(\rho_{\text{mean}})}{2}(\rho_i - \rho_{\text{mean}})^2 \\
&= -f'(\rho_{\text{mean}})\left(\frac{1}{n} \sum_{i=1}^{n} (\rho_i - \rho_{\text{mean}})\right) - \frac{1}{n} \sum_{i=1}^{n} \frac{f''(\rho_{\text{mean}})}{2}(\rho_i - \rho_{\text{mean}})^2 \\
&= 0 - \frac{1}{n} \sum_{i=1}^{n} \frac{f''(\rho_{\text{mean}})}{2}(\rho_i - \rho_{\text{mean}})^2 \\
&\approx -\frac{f''(\rho_{\text{mean}})}{2} \cdot \frac{1}{n} \sum_{i=1}^{n} (\rho_i - \rho_{\text{mean}})^2 \\
&= -\frac{f''(\rho_{\text{mean}})}{2} \cdot \text{STD}\left(\sum_{i=1}^{n} \rho_i\right)
\end{aligned} \tag{5-7}$$

上述空间尺度误差的表达式表明，空间尺度误差 ε 受到两个因素共同影响：第一个是参数反演模型的二阶导数，第二个是小空间尺度内的像元空间方差。因此，若悬浮颗粒物

反演模型为线性模型，或者像元内变异方差为 0，即像元均一，均可以忽略尺度误差的影响。然而对于近岸/内陆二类复杂水体，受到多源因素的影响，光学特性较为复杂，其参数反演模型也多为非线性模型，且同时存在较大的空间变异，因此会对定量遥感水色产品引入较大的空间尺度误差因子。

5.3.2 近岸/内陆典型水环境空间尺度误差

基于上述的空间误差模型理论推导，本研究以 GF-1 WFI 16 m 高空间分辨率遥感数据为基础，通过空间变异分析和空间聚合方法，分析我国近岸/内陆水体典型水环境要素的遥感尺度误差。具体流程是：①针对各个研究区域，利用多景 GF-1 高分影像，分析统计各个区域在不同空间尺度下（32，96，256，496，756，992 m）的悬浮颗粒物像元内空间变异（即空间标准差）；②采用最常用的二类水体悬浮颗粒物反演模型，利用空间误差定量函数，研究不同空间尺度下的误差分布结果。

图 5-8 给出了各个研究区域的遥感反射率数据的平均空间变异（标准差）随着空间尺度的变化情况。首先，随着空间分辨率的不断降低，所有区域的空间变异水平均逐渐升高，但是升高程度受到区域化特征的影响；其次，近岸/内陆水体和南海水体的空间变异变化特征存在较大差别，南海水域由于空间上相对平静，因此其空间标准差较低，且随空间尺度变化不明显，然而近岸/内陆水体空间标准差较大，且随着空间尺度的降低标准差显著增大。以鄱阳湖为例，当空间分辨率由 32 m 降低到 992 m 时，其空间标准差由 0.002 增大到 0.012，其他水体的也表现出增大趋势，但增量略低于鄱阳湖。这种差异的影响因素可能为在研究期间鄱阳湖存在的高强度的采砂活动，导致其水环境空间变异程度剧烈增大。

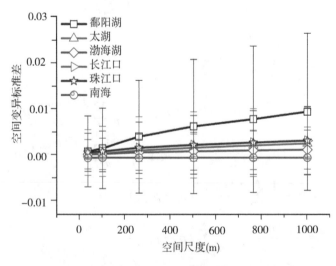

图 5-8 空间分辨率变化对像素内变异的影响分析

为了分析空间尺度变化引起的空间变异对悬浮颗粒物的定量化影响，考虑到 GF-1 WFI 数据的波段设置特点和辐射特性，本研究选择了二类水体悬浮颗粒物反演较为常用的基于红光波段的幂指数反演模型（Zhang, Dong et al., 2014; Feng et al., 2012），并利用鄱阳湖多年实测数据针对 GF-1WFI 数据对该模型进行了参数化，得到 TSS 反演模型为

$$TSS = 2.8 \times \exp\ (62 \cdot Rrs\ (red)\ ) \tag{5-8}$$

以该指数模型为基础，结合图 5-8 的空间变异标准差的分析结果，利用空间尺度误差定量函数 $\varepsilon = -\dfrac{f''(\rho_{mean})}{2} \cdot STD\left(\sum_{i=1}^{n} \rho_i\right)$，分析了近岸/内陆典型水体的悬浮颗粒物空间尺度误差。为了简化对空间尺度误差的模拟分析结果，此处将 ρ_{mean} 的值假定为定值 $0.03\ sr^{-1}$，作为研究区域的典型遥感反射率。

图 5-9 展示了空间尺度变化对悬浮颗粒物定量反演的误差（单位：mg/L），分析的基准颗粒物浓度为 18 mg/L。空间尺度变化引起的悬浮颗粒物反演误差的趋势与图 5-8 所示的空间变异标准差的趋势一致。南海水体悬浮颗粒物受空间尺度变化的影响较小，而其他近岸/内陆水体的悬浮颗粒物误差则随着空间尺度的降低急剧增大。且受到指数模型的共同增大关系影响，悬浮颗粒物误差的增大程度要远大于空间标准差的变化程度。以鄱阳湖为例，当空间分辨率由 32 m 降低到 992 m，其悬浮颗粒物误差由 0.5 mg/L 快速上升到 6.5 mg/L。

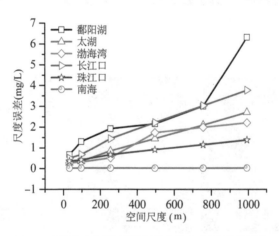

图 5-9　空间尺度变化对悬浮颗粒物定量反演的误差影响

以此分析为基础，本研究将空间尺度误差进一步扩展到了各研究区域的空间分布上。图 5-10、图 5-11、图 5-12、图 5-13、图 5-14、图 5-15 分别显示了鄱阳湖、太湖、渤海湾、长江口、珠江口和南海在各个空间监测尺度（包括 32，96，256，496，756 和 992 m）下的空间尺度误差空间分布图。由于采用了真实的遥感反射率数据作为空间尺度误差模型 ε 中 ρ_{mean} 的输入，且真实的遥感反射率数值多存在高于模拟值 $0.03\ sr^{-1}$ 的情况，因此真实的空间尺度误差值域范围远高于模拟状态（图 5-9）。以鄱阳湖为例，根据多年实测结果，鄱阳湖的水体的遥感反射率在红光波段为 $0.01 \sim 0.08\ sr^{-1}$ 之间，因此其空间尺度误差最大范围将远高于模拟状况下的 6.5 mg/L。

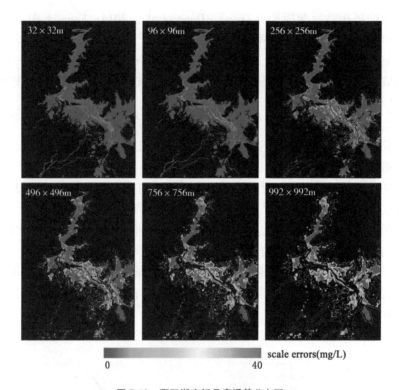

图 5-10　鄱阳湖空间尺度误差分布图

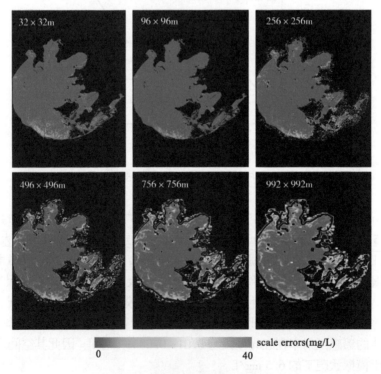

图 5-11　太湖空间尺度误差分布图

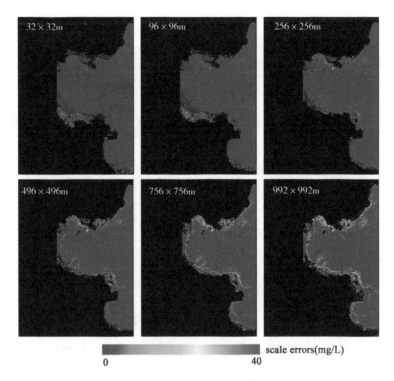

图 5-12 渤海湾空间尺度误差分布图

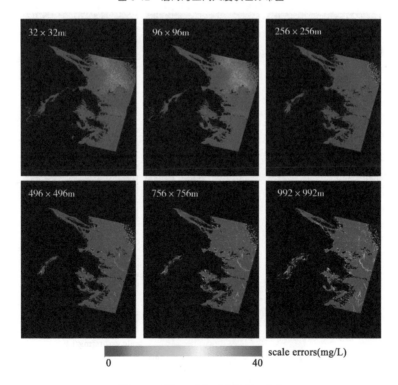

图 5-13 长江口空间尺度误差分布图

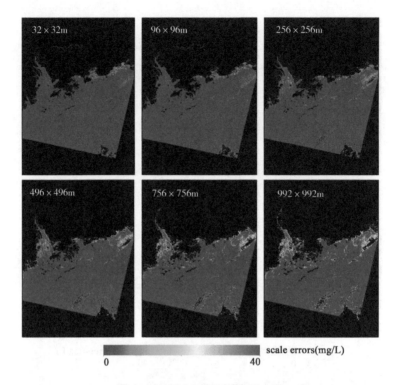

图 5-14 珠江口空间尺度误差分布图

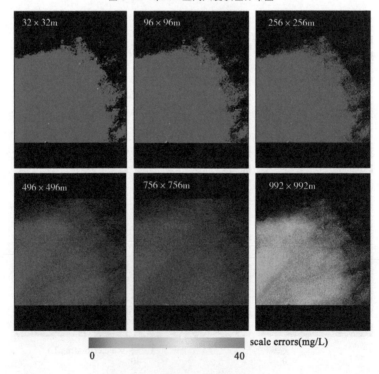

图 5-15 南海空间尺度误差分布图

综合鄱阳湖、太湖、渤海湾、长江口、珠江口和南海的 6 个研究区域的空间尺度误差随空间尺度变化的分布图,可以得出类似于模拟状况下的结论,即随着空间尺度的不断降低,空间标准差逐渐增大,受非线性模型和空间变异的共同影响,悬浮颗粒物的空间尺度误差逐渐增大。当空间分辨率由 32 m 降低到 992 m,上述六个区域的空间尺度误差均值为:鄱阳湖由约 3 mg/L 增大到约 35 mg/L,太湖由约 3 mg/L 增大到约 21 mg/L,渤海湾由约 4 mg/L 增大到约 17 mg/L,长江口由约 4 mg/L 增大到约 22 mg/L,珠江口由约 4 mg/L 增大到约 20 mg/L,南海由约 1 mg/L 增大到约 4 mg/L。

6 个研究区域的空间误差分布图进一步揭示出空间尺度误差的典型区域化特性:不同研究区域的空间尺度误差差异明显,以鄱阳湖为典型高动态水体为例,其受到流域内五河来水来沙和湖区内高强度采砂活动的影响,水环境表现出高度空间变异,尤其是在河道和中部、南部湖区的采砂区域,同一尺度下空间尺度误差较大,不同尺度下误差受尺度变化影响较其他水体更严重;而太湖中部、渤海远岸水域、珠江口远岸水域和南海海域其空间尺度误差相对较低,且随着空间尺度的变化差异不明显,误差水平相对稳定。但在上述区域的近岸、靠近河流交汇处等区域,空间尺度误差也表现出类似鄱阳湖高动态变异水体的空间尺度误差特性。因此空间尺度误差具有典型的区域化特性,在针对不同区域的空间误差分析及校正时需具体考虑研究区域的自身空间变异特性。同时,本研究此处只考虑了单变量的幂指数悬浮颗粒物模型,更精细的空间尺度误差研究需要考虑多变量及多种函数模型的反演模型,但是本研究揭示的空间尺度变异和尺度误差的特性及影响趋势,可以为水环境定量遥感高精度监测和算法模型的发展提供理论和应用支持。

5.4　近岸/内陆典型水环境空间尺度校正

传统的空间尺度上推和空间聚合方法多是在假设传感器的成像函数为一个标准矩形窗函数的理想状态的前提下,采用多像素平均的算法由多个高空间分辨率遥感像元聚合得到低空间分辨率的一个像元值,这也是本研究上述尺度误差分析的假设之一。虽然该方法可以相对准确地描述空间尺度变化的影响,但由于遥感传感器的成像函数并不是一个标准的矩形窗函数,因此该假设仍会带来地表参数估计的误差。尤其是对于水环境遥感定量产品来讲,往往自身的变化程度比较低,更需要精确地去除由于不精确的空间尺度转换引入的误差。

真实状况下的传感器成像过程并不是传感器视场内的像元辐射或者发射值的算术平均值,而是受到传感器电子和光学元件自身特征的影响,是中心视场单元和中心像元之间根据距离的相对权重加权值。描述传感器成像过程中不同位置加权值的函数叫做传感器的点扩散函数(Point Spread Function,PSF)。因此在进行遥感数据的空间尺度转换时,通过高空间分辨率的遥感数据与对应传感器的点扩散函数的空间加权,可以获得更接近真实值的低空间分辨率遥感数据。常用的传感器点扩散函数多以高斯函数模拟,如公式(5-9)所示。其中 x,y 为当前的中心像元位置,u,v 是邻近像元与中心像元的坐标,σ 是传感器的空间分辨率的 1/2 值。公式(5-10)和公式(5-11)给出了通过点扩散函数空间聚合到低空间分辨率的遥感反射率数据,然后利用悬浮泥沙反演模型获取悬浮颗粒物的过程。

$$\mathrm{PSF}(x,\,u,\,y,\,v) = \exp\left(-\frac{(x-u)^2 + (y-v)^2}{2\sigma^2}\right) \tag{5-9}$$

$$\rho_{\mathrm{exa}} = \iint \mathrm{PSF}(x-u,\,y-v)\cdot\rho(u,\,v)\,\mathrm{d}u\mathrm{d}v \tag{5-10}$$

$$\mathrm{TSS}_{\mathrm{exa}} = f(\rho_{\mathrm{exa}}) \tag{5-11}$$

图 5-16 展示了基于点扩散函数 PSF 的高空间分辨率通过尺度转换为低空间遥感影像数据的示意图。图 5-17 为本研究采用的多空间尺度的点扩散函数 PSF 的模型，以 16 m 的 GF-1 WFI 高空间遥感数据为基础，分别实现了 32，96，256，496，756 和 992 m 的逐级降低的低空间分辨率遥感数据。

图 5-16　基于理论点扩散函数（PSF）的尺度转换原理示意图

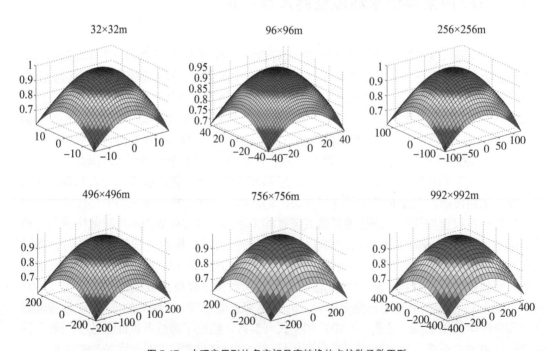

图 5-17　本研究用到的多空间尺度转换的点扩散函数原型

以基于点扩散函数 PSF 的空间尺度转换方法为基础，对比分析了广泛使用的基于像元平均的空间尺度上推方法的精度和有效性。图 5-18 给出了两种转换方法的相关性和差异性分析结果的强度散点图，其中红色实线为 1∶1 对角线，分别针对 32，96，256，496，756 和 992 m 的 6 种空间尺度转换的结果进行了相关性分析。结果显示两种方法的相关性在各个尺度上都表现较高（$R^2 > 0.99$），但是随着空间尺度的不断降低，两者线性回归的斜率逐渐增大。在 32 m 的空间尺度上，像元平均法相对于点扩散函数法的回归函数的斜率小于 1，这意味着在当前尺度下，像元平均法所得到的遥感反射率数据呈现低于点扩散函数的数据的整体趋势。

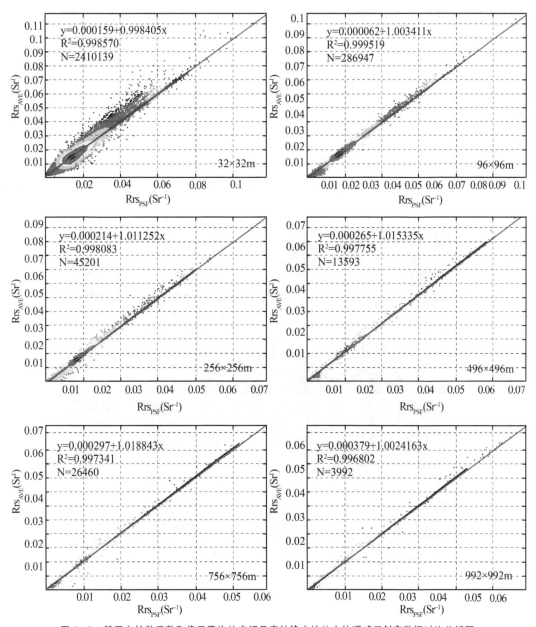

图 5-18 基于点扩散函数和像元平均的空间尺度转换方法的水体遥感反射率数据对比分析图

　　然而随着空间尺度的降低，两者的回归斜率逐渐增大，在 96 m 空间尺度的时候，基于像元平均法得到的遥感反射率数据开始呈现出大于基于点扩散函数的趋势，并且该趋势随着尺度的降低而增大，其斜率分别为 0.998，1.003，1.011，1.015，1.019，1.024。由于回归函数的截距非常小且接近于 0，因此可以认为斜率直接反映了两者之间的大小关系。虽然两种方法得到的遥感反射率数据结果相关性较高，且相对偏差量级较小，然而由于水环境参数定量遥感反演使用较多的非线性模型，可能导致水环境参数产品误差的急剧增大。

　　为了分析不同空间尺度转换方法的水环境遥感产品的尺度误差，本研究利用 16 m 高空间分辨率数据，采用三种空间尺度转换方法分析了悬浮颗粒物产品的误差空间分布及趋势图。第一种转换方法是采用点扩散函数方法进行空间尺度转换，得到低空间分辨率的遥感反射率数据，然后通过上文得到的悬浮颗粒物反演模型，获得低空间尺度的悬浮颗粒物产品，并以此为基础评价其他两种转换方法的产品误差；第二种方法为采用空间像元平均方法得到低空间分辨率的遥感反射率数据，然后通过相同的悬浮颗粒物模型，得到低空间分辨率的悬浮颗粒物产品；第三种方法为在高空间分辨率遥感数据的基础上，直接采用悬浮颗粒物反演模型下获得悬浮颗粒物产品，然后利用空间像元平均的方法，计算得到低空间分辨率的悬浮颗粒物产品。

　　图 5-19 和图 5-20 分别给出了基于遥感反射率数据像元平均法与点扩散函数法和基于

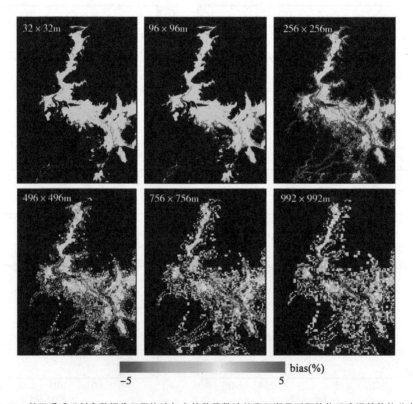

图 5-19　基于遥感反射率数据像元平均法与点扩散函数法的鄱阳湖悬浮颗粒物反演误差趋势分布图

悬浮颗粒物产品像元平均法与点扩散函数法的鄱阳湖悬浮颗粒物反演误差趋势分布图。两个误差分析的结果都是以基于点扩散函数法的结果作为基准，结果显示两种空间转换方法的尺度误差都具有典型的随空间尺度增大而显著增大的整体趋势。如图5-22所示，当空间尺度由32 m递降到992 m，两种尺度转换误差的绝对值均值由0.15%左右增加到1%左右，误差绝对值的最大值由约1.5%增加到5%左右。且局部高动态活跃水体，其空间尺度误差可达到10%左右，但所占整体区域比例较小，因此本研究未重点讨论。

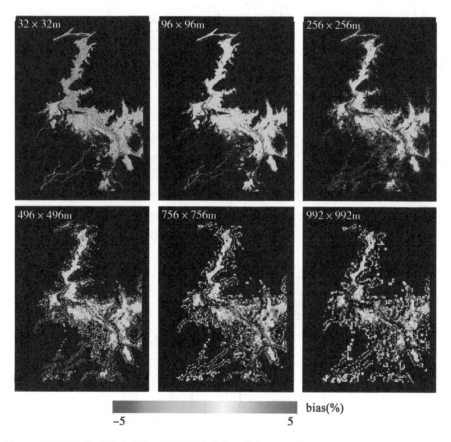

图5-20 基于悬浮颗粒物产品像元平均法与点扩散函数法的鄱阳湖悬浮颗粒物反演误差趋势分布图

对比分析图5-19和图5-20的两种空间尺度转换方法的误差分布趋势图，结合图5-21和图5-22的两种方法的误差统计直方图，可以得出以下结论：第一，基于遥感反射率数据（PSF-RRS）的空间像元平均法的水环境遥感产品的误差水平整体要优于基于悬浮颗粒物产品（PSF-TSS）的像元平均法的产品，表现为在多个尺度转换过程中，前者的相对偏差更趋近于0，且偏差直方图的分布更集中，误差的动态范围更小。如在空间尺度为32，256，496和756 m时，基于悬浮颗粒物产品（PSF-TSS）的像元平均法误差的最高值和动态范围都远大于基于遥感反射率数据（PSF-RRS）的空间像元平均法。第二，基于悬浮颗粒物产品（PSF-TSS）的像元平均法误差的均值随着空间尺度下降而增大的速率大于基于遥感反射率数据（PSF-RRS）的空间像元平均法，即 PSF-TSS 方法引起的误差会随着空间尺度的降低而快速增大。

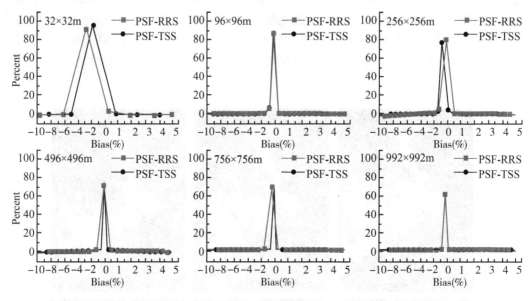

图 5-21　基于遥感反射率数据（PSF-RRS）和基于悬浮颗粒物产品（PSF-TSS）
像元平均法与点扩散函数法的鄱阳湖悬浮颗粒物反演误差统计直方图

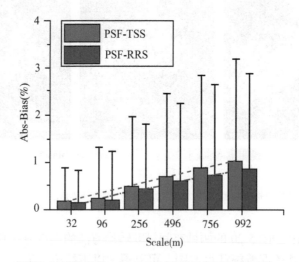

图 5-22　基于遥感反射率数据（PSF-RRS）和基于悬浮颗粒物产品（PSF-TSS）
像元平均法的误差趋势图

　　基于上述的分析理论和方法，本研究分别对其他 4 个典型的近岸/内陆区域，包括太湖（图 5-23 和图 5-24）、渤海湾（图 5-25 和图 5-26）、长江口（图 5-27 和图 5-28）、珠江口（图 5-29 和图 5-30）水环境的空间尺度转换和空间尺度误差问题进行了探讨。与鄱阳

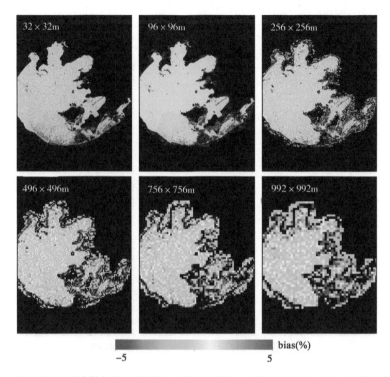

图 5-23　基于遥感反射率数据像元平均法与点扩散函数法的太湖悬浮颗粒物反演的误差趋势分布图

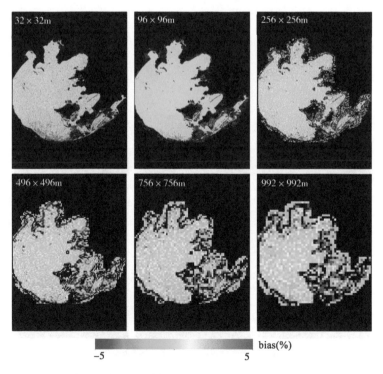

图 5-24　基于悬浮颗粒物产品像元平均法与点扩散函数法的太湖悬浮颗粒物反演的误差趋势分布图

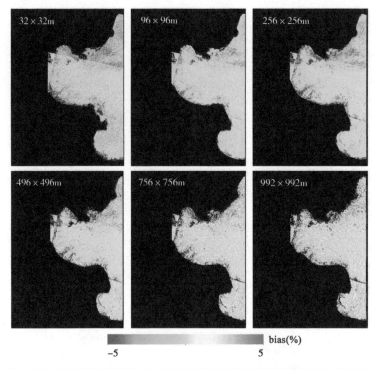

图 5-25 基于遥感反射率数据像元平均法与点扩散函数法的渤海湾悬浮颗粒物反演的误差趋势分布图

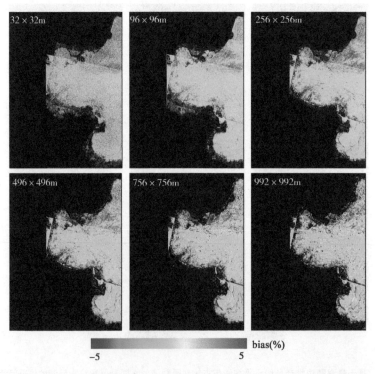

图 5-26 基于悬浮颗粒物产品像元平均法与点扩散函数法的渤海湾悬浮颗粒物反演的误差趋势分布图

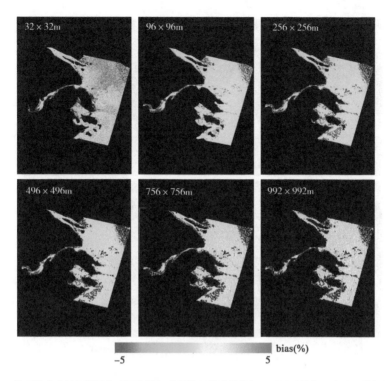

图 5-27 基于遥感反射率数据像元平均法与点扩散函数法的长江口悬浮颗粒物反演的误差趋势分布图

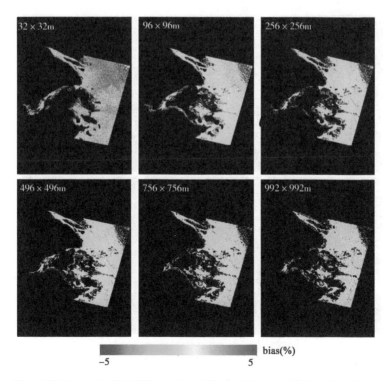

图 5-28 基于悬浮颗粒物产品像元平均法与点扩散函数法的长江口悬浮颗粒物反演的误差趋势分布图

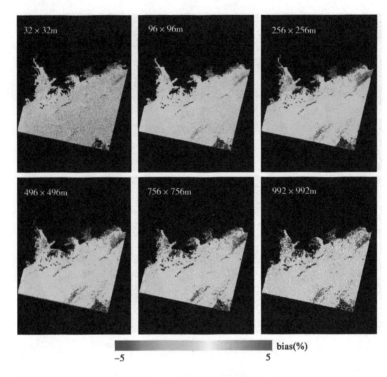

图 5-29　基于遥感反射率数据像元平均法与点扩散函数法的珠江口悬浮颗粒物反演的误差趋势分布图

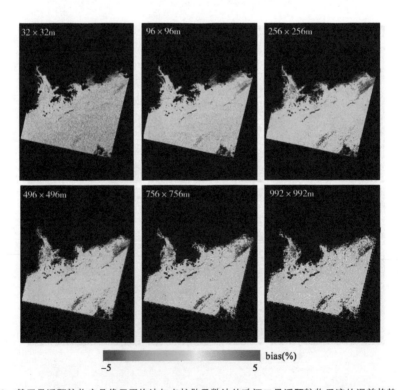

图 5-30　基于悬浮颗粒物产品像元平均法与点扩散函数法的珠江口悬浮颗粒物反演的误差趋势分布图

湖空间尺度误差分布和趋势的结果类似，上述 4 个高动态浑浊水体区域表现出较显著的空间尺度误差问题，且两种空间尺度转换方法引起悬浮颗粒物产品的误差随着空间尺度的降低而增大。在近岸、河流入口等水环境时空变化特征较显著的区域，空间尺度误差较大。同样，基于遥感反射率数据（PSF-RRS）的空间像元平均法的水环境遥感产品的误差水平整体要优于基于悬浮颗粒物产品（PSF-TSS）的像元平均法的产品。

为了对比近岸/内陆水体的高动态空间变异特性引起的空间尺度问题，本研究同时以南海海域相对平静的水体进行了上述空间尺度和尺度误差问题的探讨。图 5-31 和图 5-32 为两种空间尺度转换方法的误差分布趋势图，结合两种方法的误差统计直方图 5-33 和图 5-34，可以得出：针对南海水体，采用两种空间尺度转换方法引起的悬浮颗粒物产品的空间尺度误差均相对较小，整体的误差水平均小于 ±1 %；两种方法虽然存在一定误差水平的差异，但整体结果比较一致，其误差绝对值的平均值均小于 0.2 %，并且误差水平随空间尺度下降而变化的趋势不明显，只有在空间分辨率降低到 992 m 的时候，空间尺度误差才由较稳定的 0.05 % 升高到 0.12 %。

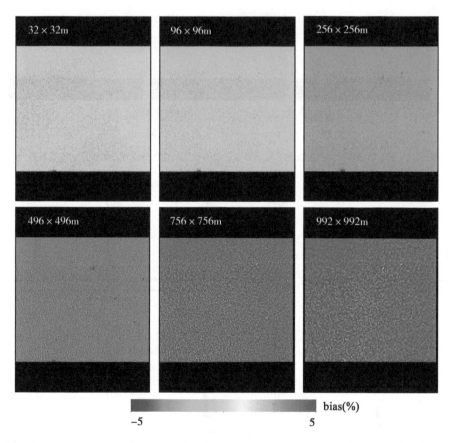

图 5-31 基于遥感反射率数据像元平均法与点扩散函数法的南海悬浮颗粒物反演的误差趋势分布图

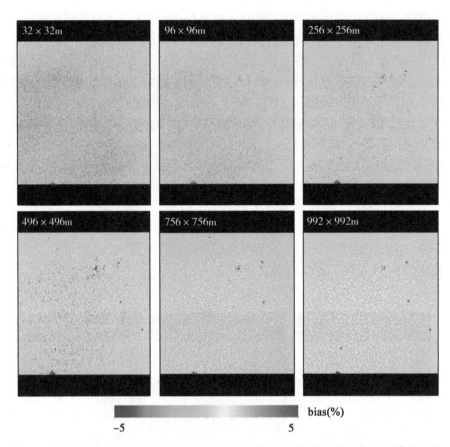

图 5-32　基于悬浮颗粒物产品像元平均法与点扩散函数法的南海悬浮颗粒物反演的误差趋势分布图

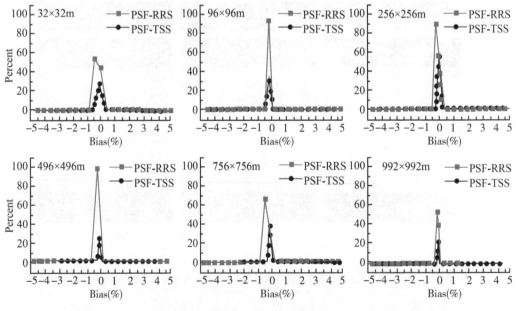

图 5-33　基于遥感反射率数据（PSF-RRS）和基于悬浮颗粒物产品（PSF-TSS）像元平均法
与点扩散函数法的南海悬浮颗粒物反演误差统计直方图

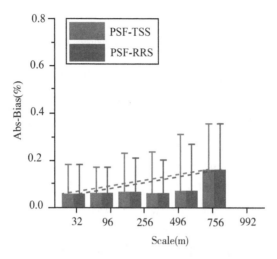

图 5-34 基于遥感反射率数据（PSF-RRS）和基于悬浮颗粒物产品
（PSF-TSS）像元平均法的误差趋势图

相对以鄱阳湖为典型代表的近岸/内陆高动态水体，在本研究的空间尺度变化范围内，由尺度差异引起的水环境定量产品差异在南海等类似平静海水区域可以忽略不计。而对于鄱阳湖等二类浑浊水体，由于其较活跃的水环境特性，空间尺度变化引起的产品误差可能超过±5 %，并最大到达±10 %左右。因此，考虑到水环境定量遥感和水环境监测高精度发展和应用的需求，在多源多空间尺度遥感数据综合应用的背景下，空间尺度及尺度误差问题的研究具有重要意义。

5.5 本章小结

针对我国典型的高动态时空变化的近岸/内陆水体，包括鄱阳湖、太湖、渤海湾、长江口、珠江口的水环境遥感定量监测需求，在多源多尺度遥感数据广泛应用的框架下，本章以高空间分辨率遥感数据（GF-1 WFI，16 m）为数据基础，研究了上述典型区域的水环境空间尺度、尺度误差及尺度转换的水环境定量遥感问题：

（1）利用多时相高分数据，采用半变异分析和传感器等效噪声反射率分析方法，研究了我国近岸/内陆典型水环境要素空间变化尺度和遥感监测空间分辨率需求。首先，近岸/内陆水体与外海水体存在典型的空间尺度差异：近岸/内陆水体的空间变异尺度平均在150 m 以下，而外海由于其水环境要素空间变化相对稳定，因此空间尺度变化在300 m 以上；利用空间聚合方法，对比分析传感器等效噪声反射率，分析了水环境要素多空间尺度变异水平：空间分辨率的降低引起了像元内变异水平的增大，其中80 %左右的空间变异可以在32 m 的空间尺度上被解析，当空间分辨率降低到256 m，整体被有效解析的空间变异信息降低到50 %。对于河口、高度浑浊水体、采砂区等区域的水环境监测，其最优空

间尺度为 $50 \sim 100$ m，而低浑浊或者相对清洁稳定水体区域，其最优空间尺度约为 350 m 以上。

（2）基于水环境要素空间变异的连续性和泰勒级数展开，得到空间尺度误差定量表达函数 $\varepsilon = -\dfrac{f''(\rho_{mean})}{2} \cdot \text{STD}\left(\sum\limits_{i=1}^{n} \rho_i\right)$，分析了近岸/内陆典型水体的悬浮颗粒物空间尺度误差。随着遥感数据空间分辨率的降低，近岸/内陆水环境要素的空间变异标准差显著增大，同时受到水环境要素如悬浮颗粒物的非线性定量反演模型的共同影响，悬浮颗粒物的空间尺度误差逐渐增大。且空间尺度误差具有典型的区域化特征，不同区域由于水体光学特性，空间变化特性等因素的差异，尺度误差分析和校正需要进行区域化的优化。

（3）利用基于点扩散函数 PSF 的空间尺度转换方法可以更真实的描述高空间分辨率到低空间分辨率遥感数据成像过程的优点，采用理论 PSF 模型为基准，对比分析了水环境定量遥感多空间尺度转换方法。在近岸/内陆水环境监测中，基于遥感反射率数据（PSF-RRS）的空间像元平均法得到水环境遥感产品的误差水平整体要优于基于悬浮颗粒物产品（PSF-TSS）的像元平均法，而在相对稳定的南海区域，在本研究的空间尺度变化范围内，由尺度差异引起的水环境定量产品差异在南海等类似平静海水区域可以忽略不计。而在高动态活跃的水环境监测中，由空间尺度变化引起的产品误差可能超过 ±5 %，并最大到达 ±10 % 左右。因此，在高精度水环境定量遥感发展应用的需求，和多源多空间尺度遥感数据综合应用的背景下，本书关于空间尺度及尺度误差问题的研究具有重要理论和现实意义。

第6章　水环境定量遥感多源数据应用

由于近岸/内陆水体高时空动态的变化特性，目前常用的遥感传感器，如 Terra/Aqua MODIS，Landsat TM/ETM+/OLI，HJ-1 CCD，GF-1 WFI，单独使用往往无法满足其时空分辨率的需求。同时，针对水环境的遥感监测是动态、连续和持续的过程，因此为了满足对高时空变化水环境监测的需求，需要多源多时空尺度的遥感数据综合定量应用。多源多尺度遥感数据的水环境定量遥感应用涉及以下两个关键问题：①由多源传感器辐射特性差异引起的水环境定量遥感数据和产品的不一致性及校正问题；②由多源传感器长时序数据辐射衰减引起的水环境定量遥感数据和产品的时序不稳定性及校正问题。针对上述关键问题，本章研究的目标是提供高度辐射一致性的多源多时空尺度的水环境定量遥感数据和产品，为高精度水环境遥感监测提供支撑。

辐射定标是一个在卫星传感器所记录的 DN 值和反映地表信息的入瞳辐亮度之间建立起对应关系的过程，通过将数字图像值转换为物理量，以实现不同传感器不同时相上所获得的地物信息能够进行直接判断和相互对比。常用的辐射定标方法主要分为发射前定标（preflight calibration）、星上定标（onboard calibration）、替代定标（vicarious calibration）三种（M. Dinguirard，1999）。传感器的发射前定标即实验室定标具有较高的定标精度，但由于受发射过程和环境变化等影响，传感器的性能会发生变化，因此在卫星发射后对其传感器的定标系数进行修正是非常必要的（Biggar et al.，1993；Meygret et al.，1994）。星上定标稳定性较高，可以提供长期大量的定标数据，但其定标器会随时间的推移而衰减，并且一些卫星遥感器上缺少星上定标装置，因此传感器的在轨替代定标研究显得尤为重要（Barnes and Holmes，1993；Meygret et al.，1997），常见的替代定标方法包括场地定标法、月球定标法和交叉定标法等。

交叉定标是指当两个卫星传感器在同样的观测条件下观测同一目标地物时，使用定标结果精度高的卫星传感器来标定待标定的传感器。它早期主要针对低空间分辨率传感器的标定，如 P. M. Teillet 等以 TM 和 HRV 作为参考传感器对 NOAA. 9 和 10 的 AVHRR 进行了交叉定标（P. M. Teillet et al.，1990），后来在采用较高定标精度的卫星通道标定较低分辨率卫星通道上也得到了广泛的应用。在针对水体目标的传感器交叉定标方法研究上，近几年国内外相关学者进行了一些尝试：如 Hu 等利用 SeaWiFS、MODIS 传感器对 Landsat-7 ETM+进行了交叉定标，与此同时实现了利用 SeaWiFS、MODIS 获取大气参数辅助 ETM+的大气校正（Hu et al.，2001）；Wang 和 Franz 实现了利用 SeaWiFS 传感器对印度 IRS-P3 卫星上的 MOS 的交叉定标（Wang and Franz，2000）等；我国针对水体目标进行的不同传感器间交叉定标研究主要包括：潘德炉和蒋兴伟等基于第一颗海洋卫星 HY-

1A 上的 COCTS 传感器在陆地场辐射校正的基础上，初步尝试了利用 SeaWiFS 对其进行交叉定标（Pan et al.，2005；蒋兴伟等，2005）；唐军武等利用高精度的 MODIS 数据对中巴地球资源卫星 02 星（CBERS-02）CCD 相机进行了交叉辐射定标，取得了较好的效果（唐军武等，2005），到目前为止针对 HJ-1 卫星 CCD 水体目标应用的定标研究还很少出现。

　　交叉辐射定标需要两个或多个传感器对同一个地物目标进行观测，由于不同传感器的波段设置和成像时的观测几何都有所差异，因此在进行交叉定标时，详细地分析两个传感器所接收到的辐亮度信息异同是必不可少的一步。针对水体目标而言，其辐射信号来源主要包括目标水体的辐射信息与大气程辐射信息，并且其中来自大气程辐射的信号占绝大部分：在卫星传感器所接收到的大气顶层的总辐亮度信号中，来自于水体的离水辐射大约只占 10 %，而大气程辐射高达 90 %（Gordon，1980；马荣华，2009）。由于不同传感器所接收到的大气辐射信息会因为其波段设置和观测几何变化而产生很大的差别，因此，在水体目标上进行不同传感器之间的交叉定标时，有效地从参考水体影像中剥离出大气辐射信号，获取观测目标的大气参数，并利用待校正影像的传感器波段设置和观测几何信息对其所接收的大气信号进行模拟，是顺利实现水体交叉定标的重要前提，所以必须对将进行交叉定标的两个或多个传感器水体影像进行大气校正的研究。

6.1　交叉辐射定标原理

　　辐射定标是在卫星传感器所记录的数字值和反映地表信息的入瞳辐亮度之间建立对应关系的过程，以将数字图像值转换为物理量，确定一个能对地物做出直接判断和比对的标准，从而能够对遥感数据进行定量化分析。交叉定标作为常用的传感器在轨辐射定标方式之一，是指当两个卫星传感器在同样的观测条件下观测同一目标地物时，使用定标结果好的在轨卫星传感器来标定待标定的传感器。

　　卫星传感器各波段接收到的等效辐亮度可表示为

$$L_i = \frac{\int_0^\infty S_i(\lambda) \cdot L(\lambda)\, d\lambda}{\int_0^\infty S_i(\lambda)\, d\lambda}$$

式中：$S_i(\lambda)$ 为传感器第 i 波段的光谱响应函数；$L(\lambda)$ 是传感器入瞳处的光谱辐亮度。

　　假设传感器相机的响应为直线，则对应的第 i 波段的大气层外总辐照度定标公式为

$$L_t(\lambda_i) = a(\lambda_i) \cdot DN(\lambda_i)$$

式中：$L_t(\lambda_i)$ 是 CCD 传感器各波段在大气层外所接收到的总辐照度；$DN(\lambda_i)$ 是对应影像第 i 波段上的数字计数值（此处假定在预处理过程中已减去暗电流信号）；$a(\lambda_i)$ 为第 i 波段上的定标系数。

　　而在水体目标上进行传感器交叉辐射定标的基本前提是基于假设辐射测量精确的地面

或卫星传感器，通过计算模拟出待定标传感器的定标影像接收到的大气层外总辐亮度（Top of Aerosphere），将其与影像 DN 值建立函数关系，得到针对水体目标的卫星影像辐射定标系数，从而实现对卫星传感器的交叉定标。

6.2 基于时序 MODIS 数据的国产卫星辐射定标

HJ-1 卫星已在轨运行超过 6 年，远远超过其设计运行期限 2 年，但是由于 HJ-1 CCD 缺乏星上定标系统，因此亟须替代定标手段评估 HJ-1 CCD 传感器的辐射响应稳定性和衰减特性。虽然中国资源卫星应用中心（CRESDA）每年在敦煌定标场实施了场地替代定标（Jiang et al.，2010），同时也有一些研究使用交叉定标手段对 HJ-1 CCD 的辐射特性进行了研究（Chen，Chen et al.，2013；Chen et al.，2010），然而场地替代或者交叉定标手段的频次都较低，无法实现对传感器辐射响应特性的连续追踪。如以往的研究证明 2009—2011 年，仅可获得 13 景 HJ-1A/1B CCD 和 Terra/MODIS 同步影像进行交叉定标（Jiang et al.，2013），即每年仅有 3~4 景有效定标的数据。因此，为了获取更有效的连续的 HJ-1 CCD 辐射响应特性的分析，本研究提出来一种基于稳定辐射定标场的连续观测数据的辐射特性定量评估方法。

图 6-1 展示了 HJ-1A/1B CCD 辐射响应特性定量分析方法流程图，整体思路为对于时序稳定的敦煌定标场，在精确模拟卫星接受到的辐射信号输入的前提下，输出影像信号的变化反映了传感器辐射响应水平的不稳定性。具体步骤如下：

1. 遥感影像数据选择和处理

选取了 2008 年 9 月至 2013 年 9 月的所有覆盖敦煌定标场的 HJ-1A/1B CCD 数据，并通过以下筛选规则选择质量较好的影像数据：①由于敦煌定标场空间特性、时间特性和光谱特性都较为稳定，因此首先利用变异系数去除受到云、降雨和沙尘等天气影响造成的空间不均一影像。此时变异系数往往较高，通过设置阈值 5% 剔除（图6-2）；②利用最新发布的 MODIS Collection 6（C6）Level 1B（L1B）产品筛选时序不稳定的影像。由于 MODIS C6 产品具有较高的辐射稳定性（Angal，Xiong，Choi et al.，2013），同时敦煌定标场也是稳定的，因此在 MODIS C6 时序数据中的异常数据即表示该日的观测条件不稳定，需要剔除该日的 HJ-1A/B CCD 数据。获取了敦煌定标场的 2009—2013 年的 408 景清洁无云 MODIS L1B 数据，通过设定均值±3 倍标准差作为筛选标准，超过 3 倍标准差即认为是异常数据。通过以上筛选规则，获取了较高质量的 HJ-1A/B CCD 数据集用于分析其时序辐射响应趋势，具体的数据集分布见表6-1。

为了限制长时序监测中由于观测几何变化引起的二向性反射不确定性，数据筛选时限制 HJ-1A/1B CCD 的观测天顶角为 ±31°，太阳天顶角为 20°~60°。所选的数据通过几何校正（以 Landsat TM 数据为参考），然后提取敦煌定标场区域的平均 DN 值作为传感器输出信号值用于后续分析。

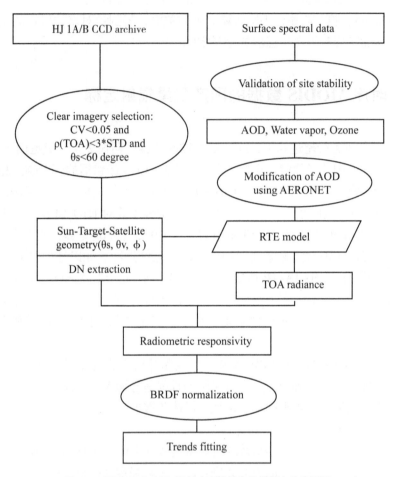

图 6-1　HJ-1A/1B CCD 辐射响应特性定量分析方法流程图

表 6-1　　　　　　　　用于时序辐射响应趋势分析的 **HJ-1A/B CCD 数据集**

	HJ1A-CCD1	HJ1A-CCD2	HJ1B-CCD1	HJ1B-CCD2
太阳天顶角	$18°<\theta_s<62°$	$21°<\theta_s<63°$	$18°<\theta_s<64°$	$21°<\theta_s<65°$
观测天顶角	$0°<\theta_v<35°$	$0°<\theta_v<33°$	$0°<\theta_v<33°$	$0°<\theta_{sv}<34°$
相对方位角	212. 245	39. 63	207. 242	34. 69
影像数量	155	97	154	82

2. TOA 辐亮度模拟

对于每一景 HJ-1A/1B CCD 影像，获取对应的地表反射率数据，观测几何参数和大气参数，利用 6S 辐射传输方程精确模拟相应的天顶辐亮度信号：

$$\rho_{TOA}(\theta_s, \theta_v, \psi) = \rho_{path}(\theta_s, \theta_v, \psi) + \rho_{target} \cdot T(\theta_s) \cdot T(\theta_v)/(1 - \rho_{target} \cdot S) \quad (6-1)$$

式中：$\rho_{TOA}(\theta_s, \theta_v, \psi)$ 为天顶反射率；$\rho_{path}(\theta_s, \theta_v, \psi)$ 为受到瑞利和气溶胶散射引起的大

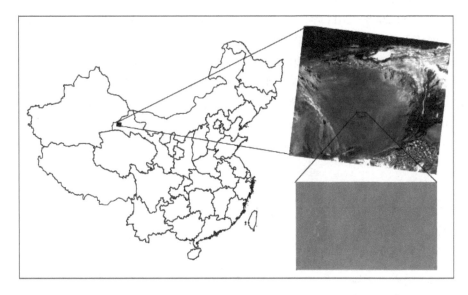

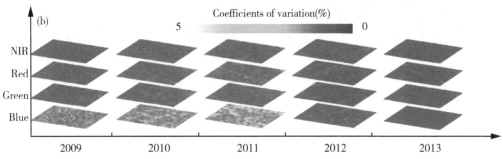

图 6-2 敦煌定标场位置及空间稳定性分析（变异系数影像）

气程辐射；$T(\theta_s)$ 和 $T(\theta_v)$ 分别为大气下行（太阳-地表方向）和上行（地表-传感器方向）透过率；ρ_{target} 为地表反射率数据（模拟过程中假设为地表朗伯体）；S 为大气漫反射率。具体的辐射模拟输入参数包括：①敦煌地表反射率数据，②大气参数数据，③观测几何与传感器辐射响应函数。

（1）地表反射率数据

敦煌定标场由于其高度稳定的辐射特性被国际对地观测卫星委员会（CEOS）列为国际重要定标场之一，该区域地表和大气条件都较为稳定，气溶胶浓度水平较低，地表以砂石为主，反射率较稳定（Hu, Zhang et al., 2001；Cao et al., 2010；Gao et al., 2012）。因此，敦煌定标场非常有利于卫星传感器辐射特性的分析，并已经得到了较广泛的应用。例如，Helde 等论证了敦煌场的时序稳定性在 1% 左右，接近撒哈拉和阿拉伯沙漠场的精度水平（Helder, Basnet and Morstad, 2010）。在 NOAA/AVHRR, EOS/MODIS, FY-2B, CBERS-02B/CCD, HJ-1A/1B CCD, 和 HJ-1A HSI 等传感器的辐射定标中得到了应用（Zhang et al., 2004；Jiang et al., 2010；Chen et al., 2010；Gao et al., 2012），以及监测 ATSR-2 自 1995—2000 年的辐射衰减情况（Smith，Mutlow，and Nagaraja Rao，2002）
和 FY-3A MERSI 2008—2011 年的辐射稳定性水平（Sun et al.，2012）。本研究利用经过
二向性反射校正的 MODIS MCD43C 地表反射率产品进一步论证了敦煌定标场的辐射稳定
性。图 6-3 展示了敦煌定标场自 2009—2014 年的 MODIS MCD43C 数据时序趋势图，以及
多年平均的地表反射率数据。结果表明除去观测几何引起的季节性变化，敦煌定标场的
MODIS 反射率数据较为稳定，变异水平小于 2 %，基本与以往研究结果一致（Hu，Liu et
al.，2010；Helder，Basnet and Morstad，2010）。多年平均的地表反射率数据的标准差整
体在 1 %以下，因此敦煌定标场的时序辐射稳定性可以作为传感器时序辐射特性分析的有
力基础。

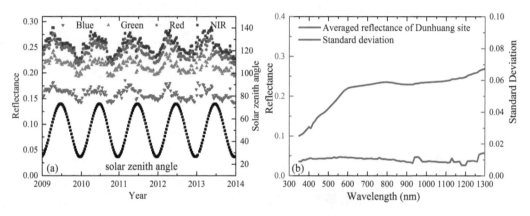

图 6-3　（a）敦煌 MODIS MCD43C 数据时序趋势图；（b）敦煌多年平均实测地表反射率数据

　　因此，本研究所采用的地表反射率数据为利用多年现场实测地表数据集的平均值，包
括 1999 年，2000 年，2002 年，2004 年，2005 年，2006 年和 2008 年 ASD FieldSpec
Spectral Radiometers 实测光谱数据，选取光谱范围为 350～1000 nm，光谱分辨率为 3 nm
（China and Administration，2008）。同时采用了 2009 年 8 月 26 日和 2011 年 8 月的实测数
据作为参考（Gao et al.，2010；Sun et al.，2012）。敦煌场可见光-近红外波段的反射率
为 18 %～25 %，该数据作为 6S 模拟的地表反射率数据输入。
　　（2）大气参数数据
　　6S 辐射传输模拟输入的大气参数包括臭氧含量、水汽含量和气溶胶光学厚度。其中，
臭氧数据是通过 NASA Space-Based Measurement of Ozone and Air Quality 网站获取的 OMI 卫
星的三级产品，其分辨率为 0. 25×0. 25°（http：//ozoneaq. gsfc. nasa. gov）。水汽含量采用
了 Terra/MODIS Level 2 水汽含量产品，分辨率为 1km（Gao and Kaufman，2003）。由于敦
煌场气象条件较稳定且水汽含量一般较低，因此可认为在 HJ-1 卫星和 Terra/MODS 过境时
刻的水汽含量保持不变。气溶胶光学厚度（AOD）是影响卫星天顶辐亮度精度的关键因
素。由于缺乏长时序的与 HJ-1 过境时刻同步的气溶胶现场实测数据，因此本研究采用了
Aqua/MODIS Collection 6 "Deep Blue" 气溶胶产品（http：//ladsweb. nascom. nasa. gov/
data/search. html）作为 6S 模拟中气溶胶参数的输入（Sayer et al.，2013）。

MODIS C6 DB 气溶胶产品采用了最新的针对量地表的蓝光波段反射算法（Hsu et al.，2006），并已经在我国西北和北非沙漠地区进行了验证（Xie et al.，2011，Li，Xia et al.，2012，Shi et al.，2012），其中 75 % 左右的产品误差在 30 % 以内。本研究利用敦煌场附近气溶胶自动观测站（AERONET）（http：//aeronet. gsfc. nasa. gov/）的实测数据对敦煌场的 MODIS 气溶胶产品进行了验证。共获取了 Dunhuang 和 Dunhuang_ LZU 两个站点的 44 对与 MODIS 气溶胶产品同步的数据，如图 6-4，结果显示 MODIS AOD 和 AERONET AOD 数据高度相关，采用全部数据进行分析其相关性为 0.88，而只采用质量等级为 3 的数据时，相关系数可达到 0.92。同时两者的拟合斜率为 0.96，非常接近 1，RMSE 为 0.17，因此，MODIS 气溶胶产品的数据质量在敦煌场可以满足研究的需求。

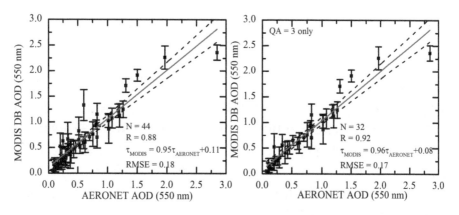

图 6-4 利用 AERONET 实测数据的 MODIS 气溶胶产品验证

图 6-5（a）显示出 MODIS AOD 和 AERONET AOD 数据的平均偏差为 20 % 左右，由于敦煌场多年平均的 AOD 为 0.3，因此 AOD 的不确定性水平约为 0.3 ± 0.06。图 6-5（b）给出了敦煌场多年 AOD 数据的直方图分布，其中超过 80 % 的数据分布小于 0.3。因此，采用了辐射传输误差传递方法模拟了由于 AOD 的不确定性引起的 TOA 辐亮度的误差。图 6-5（c）显示了 AOD 的不确定性在蓝光波段对天顶辐亮度的影响最大，在近红外波段影响最小。当 AOD 由 0.3 变化到 0.5，蓝光波段和近红外波段的辐亮度误差分别约为 4 % 和 2 %。因此考虑到敦煌场气溶胶的低变异水平，本研究认为由于气溶胶产品不确定性引起的模拟误差小于 5 %。类似地，由于水汽和臭氧含量的不确定性评估也表明对辐射传输模拟的误差影响小于 1 %。

因此，采用了上述大气参数数据，以及每一景影像的观测几何，利用 6S 辐射传输模拟实现了 HJ-1A/1B CCD 天顶辐亮度的模拟：

$$L_{TOA} = \rho_{TOA} \cdot E_0 \cdot \cos(\theta_s) / \pi \cdot d^2 \tag{6-2}$$

$$R(\lambda) = DN_{ave} / (L_{TOA}(\lambda) - L_{dark}(\lambda)) \tag{6-3}$$

式中：L_{TOA} 为模拟的传感器接收到的辐射信号；DN 为影像的输出信号值；$L_{dark}(\lambda)$ 为传感器的背景噪声信号。利用公式（6-3）可以计算每一景影像观测时刻的传感器辐射响应系数 $R(\lambda)$（DN/W/m²/sr/μm），并通过进一步的趋势分析获得传感器的响应变化

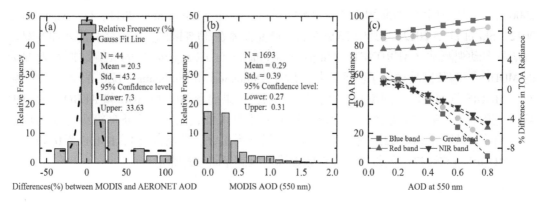

图 6-5　MODIS AOD 产品精度引起的辐射不确定性误差（实线：辐亮度；虚线：相对误差）

特性。

3. 辐射衰减趋势拟合

为了获取有效的传感器辐射响应变化趋势，必须去除或者抑制由于时序观测中观测几何变化引起的二向性反射问题（BRDF）。由于缺乏大量的实测数据分析敦煌场的二向反射物理特性，并且其物理特性会随着时间存在变化，因此物理校正模型无法适用（Latifovic，Cihlar and Chen，2003；Cihlar et al.，1997）。本研究为了减小二向反射问题对时序趋势分析的影响，采用了一种核驱动的半经验二向反射校正模型（Roujean，Leroy and Deschamps，1992），通过该模型对长时序的观测数据进行光照和观测几何的归一化校正。模型中将辐射响应系数分解为三个分别描述同样散射、几何阴影和体散射的内核的多元线性方程：

$$R(\lambda)_i^{\text{modeled}}(\theta_s, \theta_v, \phi) = \alpha_0 + \alpha_1 f_1(\theta_s, \theta_v, \phi) + \alpha_2 f_2(\theta_s, \theta_v, \phi) \tag{6-4}$$

$$\min = \sum ([R(\lambda)_i^{\text{measured}} - R(\lambda)_i^{\text{modeled}}])^2 \tag{6-5}$$

式中：f_1 和 f_2 为受到观测几何影响的核函数（Roujean，Leroy and Deschamps，1992；Latifovic，Cihlar and Chen，2003）。为了获取回归系数 α_0，α_1 和 α_2，利用最小二乘法获取模拟和实测的辐射响应系数的最小差异作为基准，通过大量的观测数据解析公式（6-4），获取校正后的辐射响应系数，其中 i 代表影像的自发射之日算的天数。利用 BRDF 校正后的长时序传感器辐射响应系数，利用线性分析和统计方法获取其时序变化趋势：

$$R(\lambda)_i^{\text{modeled}} = \text{slope} \cdot \text{Days}(i) + \text{intercept} \tag{6-6}$$

式中：$\text{Days}(i)$ 表示卫星在轨运行的天数；slope 和 intercept 为拟合的传感器时序辐射响应系数的斜率和截距，表征传感器是否发生了衰减。利用统计学显著性分析方法 Student's t-test 对斜率是否为 0 进行了显著性分析。其原假设为斜率为 0（H0：slope = 0），即辐射特性未发生衰减。将检验 P 值分别设定为 5%，1% 和 0.1%。若 P 值小于 0.05，则否定原假设，即传感器存在衰减变化。

图 6-6 为 HJ-1A/1B CCD 自 2008 年 9 月到 2013 年 9 月的辐射响应系数变化趋势图（BRDF 校正前）。受到太阳天顶角和观测几何变化的综合影响，原始的未经 BRDF 校正的

时序辐射响应系数趋势中存在典型的季节性变化特征，变化周期约为一年，在夏季太阳天顶角最小的时候达到峰值，在秋冬季得到谷值。类似的季节性波动趋势也在 MODIS 和 Landsat 7 ETM+等传感器的时序数据中得到论证（Angal，Xiong，Choi et al.，2013），由于综合受到太阳光照条件和观测几何的影响。同样，本研究中在 MODIS MCD43C 时序数据中也发现了类似的趋势（图 6-3）。HJ-1A/1B CCD 由于是宽视角扫描成像，因此其观测天顶角变化范围达到 0°~30°，选取的数据的太阳天顶角的变化范围为 20°~60°。因此，HJ-1A/1B CCD 时序数据的 BRDF 效果综合了太阳天顶角，卫星天顶角和相对方位角的变化因素影响。

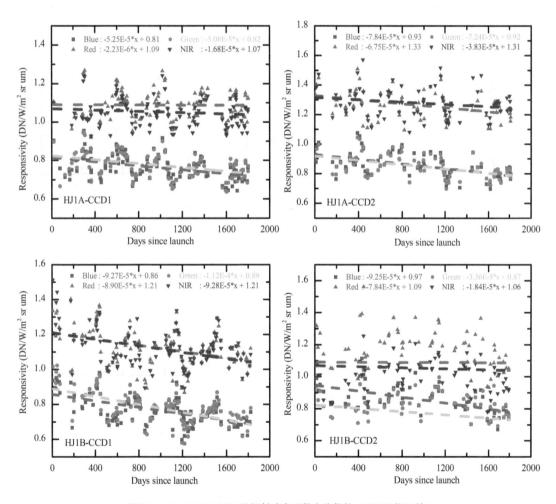

图 6-6　HJ-1A/1B CCD 的辐射响应系数变化趋势（BRDF 校正前）

图 6-7 显示了经过 BRDF 校正的 HJ-1A/1B CCD 传感器自卫星发射之后的在轨运行长时序辐射响应系数变化趋势，以及各个传感器各个波段的时序系数的线性拟合结果。结果显示 HJ-1A/1B CCD 的辐射响应水平均出现了不同程度的衰减趋势，整体的衰减斜

率在$-10^{-5}\sim-10^{-4}$范围内。整体上，蓝光和绿光波段辐射衰减的趋势较为严重，红光和近红外波段的辐射衰减相对较小。HJ-1B CCD 的绿光波段表现出斜率为-0.0001的衰减趋势，而 HJ-1A CCD 的红光波段的衰减斜率仅为-2×10^{-6}。HJ-1A/1B 4 个 CCD 传感器的辐射衰减趋势存在显著差异，同时由于各个波段的斜率都较小，其截距差异也暗示了不同传感器辐射特性的差异。因此，虽然 4 个 CCD 按照相同的用途设计，并在实际的遥感监测中互相补充，然而由于其辐射特性和辐射衰减的不一致性，需要在定量遥感应用中进行校正。

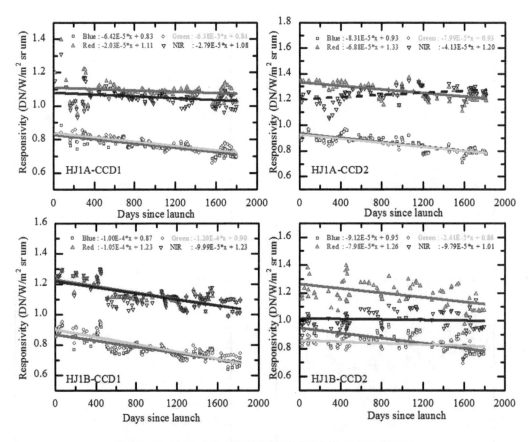

图 6-7　HJ-1A/1B CCD 的辐射响应系数变化趋势（BRDF 校正后）

表 6-2 进一步展示了传感器辐射响应趋势的统计分析结果，包括拟合斜率，年平均衰减百分比以及 T-检验结果。结果显示蓝光波段的衰减最为严重，年平均衰减为 2.8%～4.2%，因此从发射起到 2013 年，总体最大衰减约达到 10%以上。HJ-1B CCD2 的蓝光波段衰减最严重，多年衰减比例约为 15%。各个 CCD 红光波段衰减的比例为 0.7%～3.1%，相对较为稳定。在 4 个 CCD 传感器中，HJ-1A CCD1 相对最为稳定，其四个波段的衰减百分比分别为 2.8%，2.8%，0.7%和 0.9%，而 HJ-1B CCD1 衰减最剧烈，四个波段的衰减百分比分别达到 3.5%，4.2%，2.3%和 3.4%。BRDF 校正前后的衰减趋势基本一致，

但 BRDF 校正后更有效地突出了辐射响应系数的线性趋势。

表 6-2 　　　　　　　　　　　　**HJ-1A/1B CCD 的辐射响应系数统计表**

		Before BDRF				After BDRF			
		Slope	% gain change per year	t-value	p-value	Slope	% gain change per year	t-value	p-value
HJ1A-CCD1	Blue	−5.25E-05	2.4	−5.76	＊＊＊	−6.42E-05	2.8	−19.26	＊＊＊
	Green	−5.08E-05	2.3	−5.31	＊＊＊	−6.38E-05	2.8	−15.77	＊＊＊
	Red	−2.23E-06	0.7	−0.17	0.864	−2.03E-05	0.7	−2.57	＊
	NIR	−1.68E-05	0.6	−1.40	0.164	−2.79E-05	0.9	−4.03	＊
HJ1A-CCD2	Blue	−7.84E-05	3.1	−5.79	＊＊＊	−8.31E-05	3.3	−14.02	＊＊＊
	Green	−7.24E-05	2.9	−5.44	＊＊＊	−7.99E-05	3.1	−13.08	＊＊＊
	Red	−6.75E-05	1.9	−3.54	＊＊＊	−6.88E-05	1.9	−8.01	＊＊＊
	NIR	−3.83E-05	1.1	−1.91	0.059	4.13E-05	1.3	4.34	＊
HJ1B-CCD1	Blue	−9.27E-05	3.9	−7.66	＊＊＊	−1.00E-04	3.5	−15.86	＊＊＊
	Green	−1.12E-04	4.6	−8.24	＊＊＊	−1.20E-04	4.1	−17.01	＊＊＊
	Red	−8.90E-05	2.7	−4.89	＊＊＊	−1.05E-04	2.3	−12.40	＊＊＊
	NIR	−9.28E-05	2.8	−4.90	＊＊＊	−9.99E-05	3.4	−9.95	＊＊＊
HJ1B-CCD2	Blue	−9.25E-05	3.5	−5.98	＊＊＊	−9.12E-05	4.2	−8.53	＊＊＊
	Green	−3.36E-05	1.4	−2.05	＊	−2.41E-05	3.1	−2.73	＊＊
	Red	−7.84E-05	2.6	−3.10	＊＊	−7.98E-05	3.1	−5.24	＊＊＊
	NIR	−1.84E-05	2.8	−0.81	0.419	−9.79E-06	2.9	−0.75	0.454

＊ Significant at $p<0.05$. ＊＊ Significant at $p<0.01$. ＊＊＊ Significant at $p<0.001$.

　　考虑到敦煌定标场长时序的辐射稳定性，由于场地反射率数据引起的辐射模拟误差约为 1％（Cao et al.，2010）。由于本研究在数据选择的时候将观测几何尽可能地限制在一定的范围内，因 BRDF 不确定性引起的误差约为 5％（Wang，Xiao et al.，2013），同时 BRDF 半经验模型校正的误差 RMSE 集中在 −0.05～0.05 之间（图 6-8）。6S 辐射传输模型的误差约为 1％（Kotchenova et al.，2006）。

　　表 6-3 列出了辐射响应特性分析中的各种不确定性误差来源及影响，其总误差水平在 6％～7％之间。

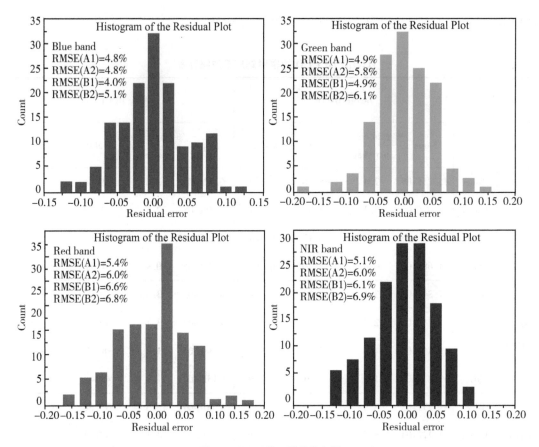

图 6-8 BRDF 校正残差分布图

表 6-3   **辐射传输模拟不确定性分析表**

序号	因素	误差
1	地表反射率	1 %
2	水分含量	Band 1, 2, 3: <1 %
3	臭氧含量	Band 1, 4: <1 %
4	MODIS 气溶胶产品误差	Band 1: 5 % Band 2: 4 % Band 3: 3 % Band 4: 3 %
5	辐射传输模型	1 %
6	BRDF 校正	5 %
总误差	误差平方根总和	Band 1: 7.3 % Band 2: 6.7 % Band 3: 6.1 % Band 4: 6.1 %

利用 HJ-1A/1B CCD 每年在敦煌定标场的现场实测定标结果，进一步评价了本研究方法的有效性。由于基于敦煌场的实测定标每年进行一次，因此共获取了从 4 个 CCD 的 20 对匹配的数据集实现交叉验证。图 6-9 显示了两者存在高度的相关性和一致性，相关系数接近 1，拟合斜率也非常接近 1。两者的平均相对误差从蓝光波段到近红外波段分别为 2.48%，4.54%，2.97% 和 5.18%（表 6-4）。通过实测数据验证的精度远高于上述基于理论分析的误差结果（7.3%，6.7%，6.1%，6.1%）。因此本研究的精度可与现场实测定标的精度相当，可为传感器的辅助辐射定标和长时序传感器的辐射稳定性监测提供有力支撑。

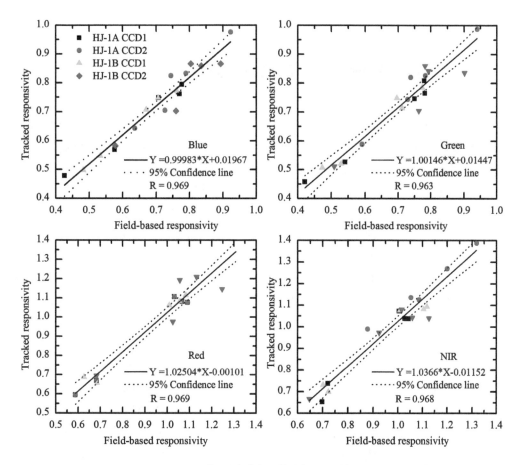

图 6-9　基于现场定标系数的交叉验证结果

表 6-4　　　　　　本研究结果与现场定标结果系数的相对偏差分析表

	Blue		Green		Red		NIR	
	Ave	STD	Ave	STD	Ave	STD	Ave	STD
HJ-1A CCD1	2.53	2.02	4.15	2.90	2.40	1.43	3.47	2.44

续表

	Blue		Green		Red		NIR	
	Ave	STD	Ave	STD	Ave	STD	Ave	STD
HJ-1A CCD2	2.01	1.26	3.83	3.13	2.14	2.08	5.06	2.91
HJ-1B CCD1	2.48	2.88	5.60	1.85	3.95	1.59	7.50	4.73
HJ-1B CCD2	2.91	2.65	4.56	2.62	3.38	1.93	4.69	3.01
Overall	2.48	2.20	4.54	2.63	2.97	1.76	5.18	3.27

6.3　多源传感器辐射数据和产品一致性研究

近岸/内陆水环境的高时空动态特性亟须利用当前已有的多种时空尺度传感器影像实现多源数据水环境一致性应用。然而由于不同传感器的辐射特性差异以及长时序观测时辐射响应能力的衰减，不同传感器之间以及同一传感器之间不同观测时间往往存在较大的差异，因此如何获得多源辐射一致的数据和产品是当前提高水环境定量遥感监测能力的关键。本节针对较高时空分辨率 HJ-1 CCD，Landsat 7 ETM+ 和水色传感器 Terra/MODIS 的辐射一致性进行研究，目的是获取高度时空一致性的多源水环境定量遥感数据和产品。

本小节针对 HJ-1 CCD 卫星在水环境定量应用时的辐射稳定性问题，以辐射特性稳定的 Terra MODIS C6 数据为基准，选择典型内陆湖泊——鄱阳湖为例（28°22′～29°45′N 和 115°47′～116°45′E），评估 HJ-1 CCD 的辐射稳定性和与 Terra/MODIS 的一致性。鄱阳湖水体特性复杂，同时包含有低浑浊和高浑浊水体，提供了较广泛的水体辐射动态范围。选取了观测几何一致，并且天气状况良好的 28 HJ-1 CCD 和 Terra/MODIS 的同步影像数据，包含了从 HJ-1 CCD 发射以来的 2009—2014 年的在轨运行期，其中 18 对数据作为交叉对比，10 对数据作为独立数据集进行结果评价。由于所选择的同步数据的过境时间的差异基本小于 30 min，因此可以认为大气状态保持稳定，忽略过境时间差异造成的不确定性影响。表 6-5 列出来所用的同步数据集，基本包含了每年的年初、年中和年末的时期，可以有效追踪 HJ-1 CCD 时序的辐射变化。

图 6-10 给出了基于 Terra/MODIS 的 HJ-1 CCD 时序辐射评价和定标方法流程。针对每一对匹配影像，将 HJ-1A CCD 利用原始辐射定标系数转换为天顶反射率数据，其定标系数自 2009 年到 2014 年分别为 0.964，1.031，1.091，1.067，0.988 和 0.993。MODIS 数据同样转换为天顶反射率数据，将所有的 HJ-1A CCD1 and Terra MODIS 利用最邻近像元法进行几何校正，精度达到 0.5 像元。为了保证 HJ-1A CCD 与 MODIS 数据的空间分辨率一致，将 HJ-1A CCD1 的数据降分辨率为 250 m。

表 6-5　　**用于辐射一致性评价的 HJ-1 CCD1 和 Terra/MODIS 同步数据集**

Year	Date	Time differences (minutes)	Sensor Zenith angle (°)	Solar Zenith angle (°)	Relative Azimuth angle (°)	Sensor Zenith angle (°)	Solar Zenith angle (°)	Relative Azimuth angle (°)
		HJ-1A CCD1				Terra MODIS		
2009	May 10	17	26.98	38.50	78.47	62.88	28.03	202.39
	Oct 24	43	17.61	15.22	29.80	25.13	21.33	42.46
	Nov 24	10	10.83	21.06	46.65	32.82	23.12	89.31
2010	Mar 25	6	24.66	34.37	82.96	21.97	31.77	67.03
	May 07	23	30.49	52.40	80.11	16.64	58.64	30.76
	Dec 31	4	19.59	58.29	66.23	9.39	54.99	79.02
2011	Feb 08	6	10.95	45.27	77.12	21.64	47.95	75.29
	Sep 28	42	22.12	32.59	55.41	58.56	39.44	37.24
	Oct 22	11	16.95	53.30	24.34	22.01	41.62	83.04
	Dec 09	18	29.24	25.84	51.27	22.02	29.46	84.86
2012	Feb 19	37	26.13	63.21	43.47	33.91	45.64	50.08
	Apr 01	10	11.13	33.21	166.47	3.91	30.64	241.08
2013	Mar 06	23	28.41	34.54	181.13	49.05	37.17	80.26
	Nov 29	3	20.90	33.31	87.24	63.06	35.24	56.01
	Dec 24	49	21.89	49.11	146.98	22.27	54.53	82.35
2014	Oct 03	43	19.73	25.58	114.32	49.07	33.96	88.68
	Oct 07	33	22.99	25.55	117.38	9.88	37.05	75.94
	Oct 11	23	26.03	25.46	67.08	37.70	32.28	52.67

利用 SeaDAS 内嵌的 MODIS 瑞利散射查找表，实现 MODIS 瑞利散射校正。对于 HJ-1A CCD1 影像，获取成像时刻的观测几何，通过设置完全相同的 MODIS 观测几何参数，利用 MODIS 瑞利散射查找表，计算对应的瑞利散射值，并通过中心波长转换方法获得 HJ-1A CCD1 影像对应的瑞利散射值。具体实现过程见公式（5-13）、式（5-14）、式（5-15）。波长 λ 处的瑞利光学厚度 $\tau_r(\lambda)$ 可以通过 λ^{-4} 的方程计算，因此，MODIS 中心波长为 λ_o 的波段的瑞利光学厚度 $<\tau_r(\lambda)>^{MODIS}$ 可以通过 $\tau_r(\lambda)$ 与该波段的波段响应函数 $S(\lambda)$ 积分获得，从而可获得中心波长处的瑞利光学厚度与波段均值的瑞利光学厚度的转换系数 β：

$$\tau_r(\lambda) = 0.008569\lambda^{-4}(1 + 0.0113\lambda^{-2} + 0.00013\lambda^{-4}) \tag{6-7}$$

$$<\tau_r(\lambda)>^{MODIS} = \int \tau_r(\lambda)S(\lambda)E_0(\lambda)\mathrm{d}\lambda / \int S(\lambda)E_0(\lambda)\mathrm{d}\lambda \tag{6-8}$$

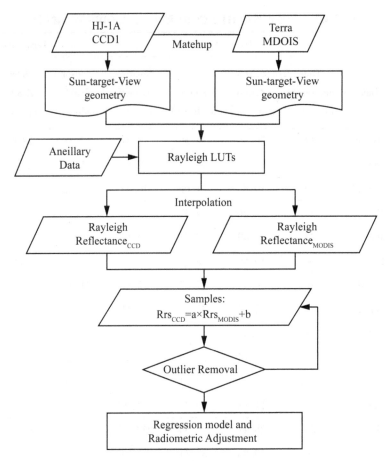

图 6-10 基于 Terra/MODIS 的 HJ-1 CCD 时序辐射定标方法流程图

$$\beta = \tau_r(\lambda_0) / < \tau_r(\lambda) >^{\text{MODIS}} \tag{6-9}$$

因此，可以利用通过 MODIS 瑞利查找表计算得到的波段瑞利光学厚度获得 HJ-1A CCD1 中心波长对应的瑞利散射值，从而获得相同观测条件下的 HJ-1A CCD1 的瑞利散射值。由于同步影像的过境时间较接近，可认为气溶胶特性保持不变且影响一致，因此本研究利用精确瑞利校正后的同步数据进行了辐射一致性的评估和校正。由于 HJ-1 CCD1 的红光波段在悬浮颗粒物浓度监测的成功应用（Feng et al.，2012），本研究重点针对红光波段及其 TSS 反演模型对数据和产品的一致性进行探讨。回归分析中对陆地临近效应或者混合像元引起的离群点进行了剔除，以提高辐射一致性分析的精度（Li et al.，2012）。

　　HJ-1A CCD1 和 Terra MODIS 多年的辐射一致性分析结果显示出 HJ-1A CCD1 高度的辐射不一致性和不稳定性问题，见图 6-11。虽然 HJ-1A CCD1 的遥感反射率数据与 Terra MODIS 数据相关性较好（$R^2 > 0.9$，$p < 0.01$），然而量级上却差异较大。HJ-1A CCD1 数据整体高于 Terra/MODIS 数据，2009—2014 年的线性回归拟合斜率分别为 1.71、1.28、1.59、1.18、1.87、1.13。由于两者同时观测相同的水体目标，大气状况相对稳定，因此在 Terra/MODIS 数据是辐射稳定的情况下，该结果表明 HJ-1A CCD1 辐射特性在水环境定量遥感时的不确定性较高。基于 Terra/MODIS 数据，本研究分别对

HJ-1A CCD1 与 MODIS 数据的辐射不一致性进行校正，同时对 HJ-1A CCD1 多年辐射的不稳定性进行校正。

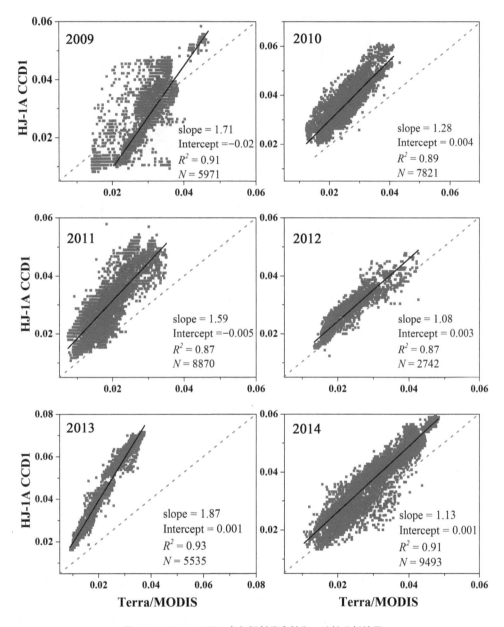

图 6-11　HJ-1A CCD1 多年辐射稳定性和一致性分析结果

选择水环境定量遥感监测中的关键参数 Rrs 为基准，定义偏差（Rrs（MODIS）-Rrs（CCD1））/Rrs（MODIS）×100，评估 HJ-1A CCD1 和 Terra/MODIS 辐射数据的一致性。图 6-12 和图 6-13 分别展示了经过辐射校正以后的两者观测数据的空间分布和时间趋势的一致性提高，多年平均的相对偏差结果由校正前的+100 %到-200 %，降低到了辐射校正后的 40 %以下。因此通过辐射校正，提高了 HJ-1A CCD1 数据的辐射质量和与常用水色传感器数据的辐射一致性，对于提高和互补 MODIS 在内陆水环境中的监测具有重要意义。

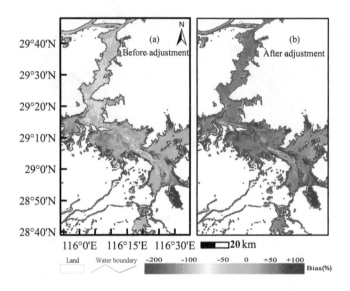

图 6-12　辐射校正后的 HJ-1A CCD1 辐射数据质量改进的空间分布图

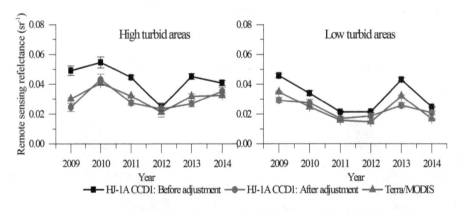

图 6-13　辐射校正后的 HJ-1A CCD1 辐射数据质量改进的时间趋势图

进一步选择了以 TSS 水环境监测产品为例，分析了 HJ-1A CCD1 和 Terra/MOIS 遥感产品的一致性结果。为了减少由于不同反演模型带来的误差，针对两个传感器的数据均使用了基于红光波段的幂指数模型（Feng et al.，2012）。图 6-14 和图 6-15 分别展示了经过辐射校正后的 HJ-1A CCD1 和 Terra/MOIS 的 TSS 产品对比结果。两者表现出高度的空间分布和量级的一致性，统计结果表明两者的 TSS 监测结果较为吻合，在 2009 年，2011 年和 2013 年，两者的均值分别为 46，31，52 mg/L 和 55，38，49 mg/L，且两者的直方图分布趋势也较为一致。

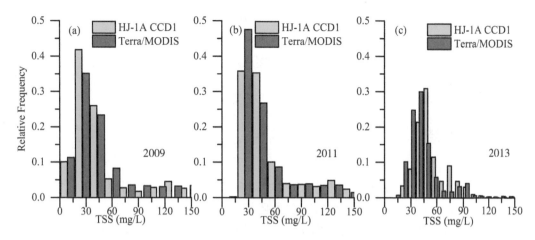

图 6-14　辐射校正后的 HJ-1A CCD1 与 Terra/MODIS 的 TSS 产品一致性分析

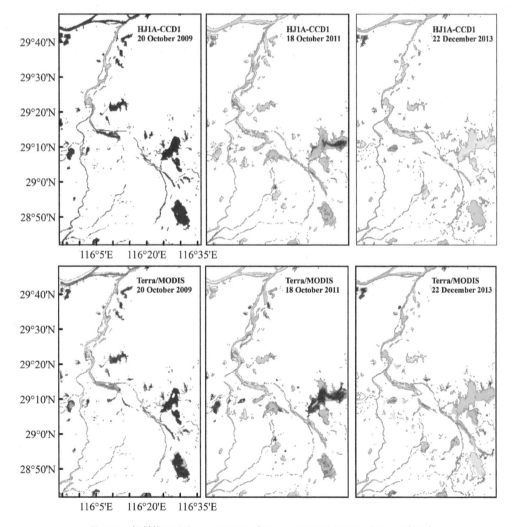

图 6-15　辐射校正后的 HJ-1A CCD1 与 Terra/MODIS 的 TSS 产品一致性分析

因此，通过对 HJ-1A CCD1 的辐射不确定性的校正，有效地提高了其与常用水色传感器 Terra/MODIS 的数据和产品的高度一致性，有效提高了多源数据在水环境定量遥感监测中的综合应用能力，对于进一步提高多源数据在水环境的高时空尺度的遥感监测具有重要的指导意义。

6.4　本章小结

以 HJ-1 CCD 高时空分辨率传感器为例，针对我国多数卫星传感器缺乏星上定标系统的问题，以高精度的水环境定量监测需求为目标，提出了一种基于稳定辐射定标场和 MODIS 数据的传感器时序辐射稳定性定量分析和校正的方法。采用我国敦煌定标场多年实测数据集和 MODIS 同步的大气参数数据，在参数验证和校准的前提下，利用辐射传输模拟手段，模拟分析了传感器的辐射响应系数，在去除二向性反射（BRDF）对时序观测的不确定性影响后，利用回归方法分析了传感器时序辐射响应的稳定性。结果显示蓝光波段的衰减最为严重，年平均衰减为 2.8 %～4.2 %，HJ-1B CCD2 的蓝光波段衰减最严重，多年衰减达到 15 %左右。各个 CCD 红光波段衰减的比例为 0.7 %～3.1 %，相对较为稳定。在 4 个 CCD 传感器中，HJ-1A CCD1 相对最为稳定，其 4 个波段的衰减百分比分别为 2.8 %，2.8 %，0.7 %和 0.9 %，而 HJ-1B CCD1 衰减最剧烈，4 个波段的衰减百分比分别达到 3.5 %，4.2 %，2.3 %和 3.4 %。考虑到以 HJ-1 CCD 和 GF-1 WFI 等高时空分辨率遥感数据在水环境中的应用潜力和存在的辐射定标问题，本研究成果为多源传感器长时序数据辐射衰减校正和水环境定量遥感数据和产品的高精度应用提供了重要的方法支撑。

针对多源传感器辐射特性差异引起的水环境定量遥感数据和产品的不一致性及校正问题，本研究分析了较高时空分辨率 HJ-1 CCD 和水色传感器 Terra/MODIS 的辐射数据和产品的差异，提出来利用稳定场地观测和基于辐射稳定传感器 Terra/MODIS 数据的辐射校正方法，利用多年同步数据实现了多源传感器辐射数据和产品的一致性校正。结果表明校正后的多源遥感数据的空间分布和时间趋势的一致性提高，多年平均的相对偏差结果由校正前的+100 %～-200 %，降低到了校正后的 40 %以下。通过对 HJ-1A CCD1 的辐射不确定性的校正，有效地提高了其与常用水色传感器 Terra/MODIS 的数据和产品的高度一致性，有效提高了多源数据在水环境定量遥感监测中的综合应用能力，对于进一步提高多源数据在水环境的高时空尺度的遥感监测具有重要的现实应用意义。

第7章 结 语

7.1 总结

本书针对近岸/内陆水环境高时空动态变异特性，及其对卫星遥感定量监测的空间、时间和辐射分辨率要求，在多源遥感数据水环境监测的背景下，探讨了高动态水环境监测对空间尺度-时间尺度-辐射特性的定量化需求，并进行了多源遥感数据高精度水环境监测的辐射一致性和产品一致性的研究。

近岸/内陆典型水环境要素空间变异尺度及遥感监测的最优空间尺度需求分析：针对我国典型的高动态时空变化水体，包括鄱阳湖、太湖、渤海湾、长江口和珠江口的水环境遥感定量监测空间尺度需求，以 GF-1 WFI 16 m 高空间分辨率遥感数据集为基础，利用空间半变异分析和遥感等效噪声反射率分析方法，获得近岸/内陆水体的空间变异尺度平均在 150 m 以下，而外海空间变异尺度在 300 m 以上；空间分辨率的降低引起了像元内变异信息的增大，30 m 空间分辨率数据可以有效解析 80% 左右的空间变异信息，而当空间分辨率降低到 256 m 时，被有效解析的空间变异信息降低到 30%。

近岸/内陆典型水环境要素遥感定量监测空间尺度转换及误差研究：基于水环境要素空间变异的连续性和泰勒级数展开，定量化地描述了空间尺度误差与空间变异强度和水环境要素非线性反演模型的相关关系。随着遥感空间分辨率的降低，近岸/内陆水环境要素的空间变异标准差显著增大，同时受到水环境要素如悬浮颗粒物的非线性定量反演模型的共同影响，悬浮颗粒物的空间尺度误差逐渐增大。空间尺度误差具有典型的区域化特征，由尺度差异引起的水环境定量产品差异在南海等类似平静海水区域可以忽略不计。而在高动态活跃的水环境监测中，由空间尺度变化引起的产品误差可能超过±5%，并最大达到±10%左右。提出了一种基于点扩散函数 PSF 的空间尺度转换方法：可以更真实地描述高空间分辨率到低空间分辨率遥感数据的成像过程的优点，采用理论 PSF 模型为基准，对比分析了水环境定量遥感多空间尺度转换方法。在近岸/内陆水环境监测中，基于遥感反射率数据（PSF-RRS）的空间像元平均法得到水环境遥感产品的误差水平整体要优于基于悬浮颗粒物产品（PSF-TSS）的像元平均法。

基于自动浮标系统的典型内陆水体——鄱阳湖水环境时间尺度研究：利用浮标高频次实测数据，分析了其高动态变化特性：浊度日内和日间变化比最大为 16.4 和 147.6；叶绿素日内和日间比最大分别为 10.1 和 34.8；CDOM 的日内和日间比最大分别为 17.7 和

28.2。基于半变异函数时间尺度分析，揭示了鄱阳湖水环境要素的典型时间变异尺度，浊度的平均变程约为 17.5 h，叶绿素和 CDOM 的变程均值分别为 6.6~12.6 以及 8.4~9.4 h。考虑到其高动态变异特性，进一步探讨了其最优观测策略：①保证至少每天两次的有效观测频次，以确保各水环境要素的观测误差在 30 % 以内；②当无法满足多次观测的时候，需要考虑观测时刻的不同引起的观测误差。通过 Terra/Aqua 卫星组网观测也有效提高了对水环境的监测能力，可以将水环境要素定量监测的误差控制在 10 % 以下，但其固有的误差仍在最优观测的两倍左右。因此，需要考虑通过多源卫星数据组网观测，以提高对水环境动态监测的能力。

基于高频次地球同步卫星 GOCI 数据的近岸/内陆水环境观测时间策略研究：选取了 2014 年约 2300 景 GOCI 每天 8 景的遥感影像数据，采用统计分析方法，探讨了我国近岸/内陆水环境遥感观测策略。对于我国近岸/内陆水体整体区域的观测，其最优观测时刻和窗口为 14:30 左右。而对于不同变化特性的区域，最优观测时刻具有区域差异性。其中，太湖和渤海湾在 09:00—14:30 的观测窗口均可达到较高的观测精度，长江口高动态水体最优观测窗口在 11:30—13:30 达到误差最低值，而南海的较优观测时刻在 08:30 和 14:30。因此，考虑到上述观测窗口的差异，在针对不同动态特性水体的现场和卫星遥感观测时，需要选择相对应的观测窗口以达到最优化的水环境观测精度。该成果对发展高精度水色遥感观测策略具有重要的现实意义。

在多源传感器水环境定量遥感应用方面，对比分析了多种高空间分辨率非水色传感器，如 Landsat TM/ETM+/OLI，HJ-1 CCD，GF-1 WFI 等在水环境遥感定量应用时的辐射特性包括信噪比、辐射灵敏性和辐射不确定性定量影响问题。论证了 GF-1 WFI，Landsat8 OLI 等新型高分传感器在水环境定量监测中的潜力和灵敏性，探讨了其与 Terra/MODIS 在近岸/内陆水环境监测中常用的 250 m 和 500 m 波段的辐射可比性。采用实测数据集和辐射传输模拟手段，定量评估了高分传感器辐射不确定性和不稳定性对水环境定量应用数据和产品的影响在蓝、绿、红和近红外波段遥感反射率数据的误差最大值分别达到了 60 %，30 %，25 % 和 70 %，得出波段比值模型可以有效减低由于辐射定标不确定性引起的 TSS 产品误差（50 %）。

以 HJ-1 CCD 高时空分辨率传感器为例，针对我国多数卫星传感器缺乏星上定标系统的问题，以高精度的水环境定量监测需求为目标，提出了一种基于稳定辐射定标场和 MODIS 数据的传感器时序辐射稳定性定量分析和校正的方法。结果表明蓝光波段的衰减最为严重，年平均衰减为 2.8 %~4.2 %，HJ-1B CCD2 的蓝光波段衰减最严重，多年衰减达 15 % 左右。各个 CCD 红光波段衰减的比例为 0.7 %~3.1 %，相对较为稳定。在 4 个 CCD 传感器中，HJ-1A CCD1 相对最为稳定，其 4 个波段的衰减百分比分别为 2.8 %，2.8 %，0.7 % 和 0.9 %，而 HJ-1B CCD1 衰减最剧烈，4 个波段的衰减百分比分别达到 3.5 %，4.2 %，2.3 % 和 3.4 %。

分析了较高时空分辨率 HJ-1 CCD 和 Landsat 7 ETM+，以及 HJ-1 CCD 和水色传感器 Terra/MODIS 的辐射数据与产品的差异，提出了利用稳定场地观测和基于辐射稳定传感器 Terra/MODIS 数据的辐射校正方法。结果表明校正后的多源遥感数据的空间分布和时间趋势的一致性提高，多年平均的相对偏差结果由校正前的+100 %~−200 %，降低到了校正后的40％以下。通过对 HJ-1A CCD1 的辐射不确定性的校正，有效地提高了其与常用水色传感器 Terra/MODIS 的数据和产品的高度一致性，有效提高了多源数据在水环境定量遥感监测中的综合应用能力，对于进一步提高多源数据在水环境的高时空尺度的遥感监测具有重要的现实应用意义。

7.2　展望

针对近岸/内陆水环境高时空动态变异特性及高精度水环境定量遥感监测的实际需求，以遥感监测的三个关键要素——空间尺度、时间尺度、辐射特性为研究目标，利用多源实测和遥感数据集，探讨了我国近岸/内陆水体空间、时间变异特性和遥感监测策略，获取了高精度一致的辐射数据和水环境定量遥感产品。针对水环境定量遥感的科学技术发展和应用需求，本书作以下几个方面的展望：

（1）典型近岸/内陆水体的定点浮标高频次连续观测数据和遥感数据结合的时间变异尺度分析。

针对 GOCI 高频次观测数据的分析结果，表明我国近岸/内陆水体时空尺度变异的区域性差异特点，考虑到传统的水色卫星传感器如 Terra/Aqua MODIS 观测频次的不足，以及光学传感器无法夜间成像的缺陷，基于浮标观测系统的现场实测数据是卫星观测的有效补充，对于捕捉近岸/内陆水体的短周期高频次的变化信息具有关键作用，同时也是评估卫星观测有效性的重要地面实测验证基础。同时，结合卫星遥感大范围观测的优势，综合分析近岸/内陆水环境变化的时空特性及其驱动因素，探讨其最优的多观测手段联合的观测需求和观测策略，对于从本质上提高水环境遥感实际应用的能力和水平有重要意义，也是后续提高和发展的方向之一。

（2）考虑云影响的水环境定量遥感监测影响分析。

受益于卫星遥感长时序大范围连续观测的优势，当前针对水环境的遥感时空变化趋势及其驱动因子等方向的研究获得快速发展和广泛应用。然而在针对近岸/内陆水环境遥感监测时，有两个关键因素可能会严重影响对水环境要素的监测和趋势分析：①传统极轨水色卫星传感器时间分辨率的设置能否满足对近岸/内陆高动态水体变化的精确监测，在长时间观测尺度上，由于时间分辨率不足造成的趋势分析的有效性和误差如何确定？②光学传感器的观测受到云、雾霾等天气状况的严重影响，因此考虑实际观测中云覆盖的影响，当前常用水色传感器在近岸/内陆水环境长时序定量遥感的影响评估是获得精确可信监测结果的关键。

（3）基于在轨点扩散函数（PSF）的多源遥感数据空间尺度转换研究。

随着对地观测技术的快速发展和对地观测卫星数量的显著提高，多源遥感数据的高精度综合应用是对地观测定量遥感发展的重要方向。如何解决多源遥感数据空间尺度差异造成的水色遥感数据和产品的差异，提高多源遥感数据的应用能力是亟须解决的关键问题。本研究中初步探讨了基于光学传感器点扩散成像函数的空间尺度转换方法的可行性。然而，受到卫星发射过程、空间大气、温度环境变化和在轨运行期间元器件老化等综合因素的影响，传感器的成像函数和特性会发生变化。因此，研究传感器在轨点扩散函数，发展基于真实点扩散成像函数的多源遥感数据空间尺度转换方法，降低多源数据的空间尺度差异，提高多源数据的定量化应用水平，是后续努力的方向。

（4）国产卫星传感器水色替代定标场选择和替代定标研究。

我国对地观测科学和技术已经进入快速发展的阶段，卫星遥感技术取得了突破性进展，遥感卫星数量逐渐增加，包括"风云"系列气象卫星、"高分"系列卫星、资源卫星、海洋卫星等形成了系列化的发展态势。随着定量遥感应用的快速发展，高质量的辐射定标需求日益迫切。尤其对于水色定量遥感应用，长时序、高辐射精度定标的遥感数据和产品集是水环境监测的关键。我国当前的卫星传感器的定标工作仍集中在基于敦煌等沙漠定标场，而针对水体等暗目标地物的辐射定标工作仍较为缺乏。考虑到我国对海洋资源与环境监测的重视和实际需求以及我国海洋卫星的发展与应用策略，应发展可靠的海洋水色辐射定标场和定标技术，确立高精度、长时序的海洋卫星传感器辐射定标策略，提高我国已有水色遥感数据和下一代海洋水色卫星的辐射定标水平。

（5）高度一致的多源长时序定量遥感数据和产品获取研究。

卫星遥感为对地观测提供了空前海量的遥感数据，由于卫星传感器寿命的限制，不同传感器之间的辐射差异性，以及长时序遥感数据辐射不稳定性影响，综合考虑多源传感器时空监测尺度差异，发展时-空-谱高度一致的多源定量遥感数据和产品获取方法，达到多源卫星传感器的非同源数据的无缝集成应用，提高地表长时序定量变化信息的监测精度，是当前对地观测技术尤其是水环境遥感定量监测科学研究的一个挑战问题。

参 考 文 献

［1］ Angal A, X X Xiong, A S Wu, et al. Multitemporal Cross-Calibration of the Terra MODIS and Landsat 7 ETM+ Reflective Solar Bands ［J］. Geoscience and Remote Sensing, IEEE Transactions, 2013, 51 (4): 1870-1882. doi: 10. 1109/tgrs. 2012. 2235448.

［2］ Angal Amit, Xiaoxiong Xiong, Taeyoung Choi et al. Impact of Terra MODIS Collection 6 on long-term trending comparisons with Landsat 7 ETM+ reflective solar bands ［J］. Remote Sensing Letters, 2013, 4 (9): 873-881. doi: 10. 1080/2150704X. 2013. 809496.

［3］ Antoine David, and Andre Morel. A multiple scattering algorithm for atmospheric correction of remotely sensed ocean colour (MERIS instrument): principle and implementation for atmospheres carrying various aerosols including absorbing ones ［J］. International Journal of Remote Sensing, 1999, 20 (9): 1875-1916.

［4］ Atkinson P M, P J Curran. Defining an optimal size of support for remote sensing investigations ［J］. Geoscience and Remote Sensing, IEEE Transactions ［J］. 1995, 33 (3): 768-776. doi: 10. 1109/36. 387592.

［5］ Atkinson Peter M and Paul J Curran. Choosing an appropriate spatial resolution for remote sensing investigations ［J］. Photogrammetric engineering and remote sensing, 1997, 63 (12): 1345-1351.

［6］ Aurin D, A Mannino and B Franz. Spatially resolving ocean color and sediment dispersion in river plumes, coastal systems, and continental shelf waters ［J］. Remote Sensing of Environment, 2013 (137): 212-225. doi: 10. 1016/j. rse. 2013. 06. 018.

［7］ Barnes B B, C M Hu, K L. Holekamp et al. Use of Landsat data to trackhistorical water quality changes in Florida Keys marine environments ［J］. Remote Sensing of Environment, 2014 (140): 485-496.

［8］ Barnes, Brian B, Chuanmin Hu et al. Use of Landsat data to track historical water quality changes in Florida Keys marine environments ［J］. Remote Sensing of Environment, 2014, 140 (0): 485-496. doi: http: //dx. doi. org/10. 1016/j. rse. 2013. 09. 020.

［9］ Robert A Barnes and Edward F Zalewski. Reflectance-based calibration of SeaWiFS. I. Calibration coefficients ［J］. Appl. Opt, 2003, 42 (9): 1629-1647.

［10］ Barnes Robert A and Edward F Zalewski. Reflectance-based calibration of SeaWiFS. II. Conversion to radiance ［J］. Applied optics, 2003, 42 (9): 1648-1660.

［11］ Alexander Berk, Gail P. Anderson, Prabhat K. Acharya, 2006. MODTRAN5: 2006 update.

［12］ S F Biggar, K J Thome and W Wisniewski. Vicarious radiometric calibration of EO-1 sensors by reference to high-reflectance ground targets ［J］. IEEE Transactions on Geoscience and Remote Sensing, 2003, 41 （6）: 1174-1179. doi: 10. 1109/tgrs. 2003. 813211.

［13］ W Paul Bissett, Robert A Arnone, Curtiss O Davis et al, From meters to kilometers ［J］. Oceanography, 2004 （17）: 32-42.

［14］ Bo Zhong, Zhang Yuhuan, Du Tengteng et al. Cross-Calibration of HJ-1/CCD Over a Desert Site Using Landsat ETM Imagery and ASTER GDEM Product ［J］. Geoscience and Remote Sensing, IEEE Transactions, 2014, 52 （11）: 7247-7263. doi: 10. 1109/ TGRS. 2014. 2310233.

［15］ Brezonik P K D, Menken and M Bauer. Landsat-based remote sensing of lake water quality characteristics, including chlorophyll and colored dissolved organic matter （CDOM） ［J］. Lake and Reservoir Management, 2005, 21 （4）: 373-382.

［16］ Campbell P K E, E M Middleton, K J Thome et al. EO-1 Hyperion Reflectance Time Series at Calibration and Validation Sites: Stability and Sensitivity to Seasonal Dynamics ［J］. Selected Topics in Applied Earth Observations and Remote Sensing, IEEE Journal, 2013, 6 （2）: 276-290. doi: 10. 1109/JSTARS. 2013. 2246139.

［17］ Changyong Cao, Lingling Ma, Sirish Uprety et al. Spectral characterization of the Dunhuang calibration/validation site using hyperspectral measurements. In SPIE Asia-Pacific Remote Sensing: International Society for Optics and Photonics, 2010.

［18］ Chander G and D P Groeneveld. Intra-annual NDVI validation of the Landsat 5 TM radiometric calibration ［J］. International Journal of Remote Sensing, 2009, 30 （6）: 1621-1628. doi: 10. 1080/01431160802524545.

［19］ Chander G, D, J, Meyer and D L Helder. Cross calibration of the Landsat-7 ETM+ and EO-1 ALI sensor ［J］. IEEE Transactions on Geoscience and Remote Sensing, 2004, 42 （12）: 2821-2831. doi: 10. 1109/tgrs. 2004. 836387.

［20］ Chander Gyanesh, Tim J Hewison, Nigel Fox et al. Overview of Intercalibration of Satellite Instruments ［J］. IEEE Transactions on Geoscience and Remote Sensing no, 2013, 51 （3）: 1056-1080. doi: 10. 1109/tgrs. 2012. 2228654.

［21］ Guanwen Chen, Zhengchao Chen, Long Ma at al. Monitoring and assessment on radiometric stability of HJ-1A CCD using MODIS data. Paper read at Eighth International Symposium on Multispectral Image Processing and Pattern Recognition, 2013.

［22］ Jing M Chen. Spatial Scaling of a Remotely Sensed Surface Parameter by Contexture ［J］. Remote Sensing of Environment, 1999, 69 （1）: 30-42. doi: http: //dx. doi. org/10. 1016/S0034-4257 （99） 00006-1.

［23］ Jun Chen, Wenting Quan, Guoqing Yao et al. Retrieval of absorption and backscattering coefficients from HJ-1A/CCD imagery in coastal waters ［J］. Optics express, 2013, 21

(5): 5803-5821.

[24] Liqiong Chen, Liqiao Tian, Feng Qiu et al. Water Color Constituents Remote Sensing in Wuhan Donghu Lake Using HJ-1A/B CCD Imagery [J]. Geomatics and Information Science of Wuhan University, 2011, 36 (11): 1280-1283.

[25] Zhengchao Chen, Bing Zhang, Hao Zhang et al. HJ-1A multispectral imagers radiometric performance in the first year. Paper read at Geoscience and Remote Sensing Symposium (IGARSS), 2010 IEEE International, 25-30 July 2010.

[26] Dunhuang radiometric calibration site of China and China Meteorological Administration. 2008. Spectral Data Sets for Satellite Calibration Site and Typical Earth Objects. Beijing: China Meteorological.

[27] Jong-Kuk Choi, Young Je Park, Jae Hyun Ahn et al. GOCI, the world's first geostationary ocean color observation satellite, for the monitoring of temporal variability in coastal water turbidity [J]. Journal of Geophysical Research: Oceans, 2012, 117 (C9): C09004. doi: 10. 1029/2012JC008046.

[28] Jong-Kuk Choi, Young Je Park, Bo Ram Lee et al. Application of the Geostationary Ocean Color Imager (GOCI) to mapping the temporal dynamics of coastal water turbidity [J]. Remote Sensing of Environment, 2014, 146 (0): 24-35. doi: http://dx. doi. org/10. 1016/j. rse. 2013. 05. 032.

[29] Jong-Kuk Choi, Young Je Park, Bo Ram Lee et al. Application of the Geostationary Ocean Color Imager (GOCI) to mapping the temporal dynamics of coastal water turbidity [J]. Remote Sensing of Environment, 2014 (146): 24-35. doi: 10. 1016/j. rse. 2013. 05. 032.

[30] Jong-Kuk Choi, Hyun Yang, Hee-Jeong Han et al. Quantitative estimation of suspended sediment movements in coastal region using GOCI. Journal of Coastal Research, 2013: 1367-1372. doi: 10. 2112/si65-231. 1.

[31] Josef Cihlar, Hung Ly, Zhanqing Li et al. Multitemporal, multichannel AVHRR data sets for land biosphere studies—Artifacts and corrections. Remote Sens. Environ, 1997, 60 (1): 35-57. doi: http://dx. doi. org/10. 1016/S0034-4257 (96) 00137-X.

[32] Roger Nelson Clark, Gregg A Swayze, R Wise et al. 2007. USGS digital spectral library splib06a: US Geological Survey Denver, CO.

[33] Ting Wei Cui, Jie Zhang, Li E Sun et al. Satellite monitoring of massive green macroalgae bloom (GMB): imaging ability comparison of multi-source data and drifting velocity estimation [J]. International Journal of Remote Sensing, 2012, 33 (17): 5513-5527.

[34] Curtiss O Davis, Maria Kavanaugh, Ricardo Letelier et al. Spatial and spectral resolution considerations for imaging coastal waters. Paper read at Coastal Ocean Remote Sensing, 2007.

[35] Mark H. DeVisser and Joseph P Messina. Exploration of sensor comparability: a case study of composite MODIS Aqua and Terra data [J]. Remote Sensing Letters, 2013, 4 (6):

599-608. doi: 10. 1080/2150704X. 2013. 775531.

[36] Dinguirard M and P N Slater. Calibration of space-multispectral imaging sensors: A review. Remote Sensing of Environment, 1999, 68 (3): 194-205. doi: 10. 1016/s0034-4257 (98) 00111-4.

[37] Scott C Doney, David M Glover, Scott J McCue et al. Mesoscale variability of Sea-viewing Wide Field-of-view Sensor (SeaWiFS) satellite ocean color: Global patterns and spatial scales [J]. Journal of Geophysical Research: Oceans (1978-2012), 2003, 108 (C2).

[38] David Doxaran, Nicolas Lamquin, Young-Je Park et al. Retrieval of the seawater reflectance for suspended solids monitoring in the East China Sea using MODIS, MERIS and GOCI satellite data [J]. Remote Sensing of Environment, 2014 (146): 36-48. doi: 10. 1016/j. rse. 2013. 06. 020.

[39] Jared K Entin, Alan Robock, Konstantin Y Vinnikov et al. Temporal and spatial scales of observed soil moisture variations in the extratropics [J]. Journal of Geophysical Research: Atmospheres, 2000, 105 (D9): 11865-11877. doi: 10. 1029/2000JD900051.

[40] Wayne E Esaias, Mark R Abbott, Ian Barton et al. An overview of MODIS capabilities for ocean science observations [J]. Geoscience and Remote Sensing, IEEE Transactions, 1998, (4): 1250-1265.

[41] Francois Faure, Pierre Coste and Gmisil Kang. The GOCI instrument on COMS mission- The first geostationary ocean color imager [R]. Paper read at Proceedings of the International Conference on Space Optics (ICSO), 2008.

[42] Lian Feng, Chuanmin Hu, Xiaoling Chen et al. Human induced turbidity changes in Poyang Lake between 2000 and 2010: Observations from MODIS [J]. Journal of Geophysical Research, 2012, 117 (C (7)).

[43] Mark A Folkman, Jay Pearlman, Lushalan B Liao et al. EO-1/Hyperion hyperspectral imager design, development, characterization, and calibration [R]. Paper read at Second International Asia-Pacific Symposium on Remote Sensing of the Atmosphere, Environment, and Space, 2001.

[44] Bo-Cai Gao. An operational method for estimating signal to noise ratios from data acquired with imaging spectrometers [J]. Remote Sensing of Environment, 1993, 43 (1): 23-33. doi: http: //dx. doi. org/10. 1016/0034-4257 (93) 90061-2.

[45] BoCai Gao and Yoram J Kaufman. Water vapor retrievals using Moderate Resolution Imaging Spectroradiometer (MODIS) near-infrared channels [J]. J. Geophys. Res, 2003, 108 (D13): 4389. doi: 10. 1029/2002JD003023.

[46] Caixia Gao, Xiaoguang Jiang, Xianbin Li et al. The cross-calibration of CBERS-02B/CCD visible-near infrared channels with Terra/MODIS channels [J]. Int. J. Remote Sens, 2012, 34 (9-10): 3688-3698. doi: 10. 1080/01431161. 2012. 716531.

[47] H L Gao, X F Gu, T Yu et al. HJ1A/HSI Radiometric Calibration and Spectrum Response Function Sensitivity Analysis [J]. Spectrosc. Spect. Aanl, 2010, 30 (11): 3149-3155.

doi: 10. 3964/j. issn. 1000. 0593 (2010) 11. 3149. 07.

[48] Kang Geumsil, P Coste, Youn Heongsik et al. An In-Orbit Radiometric Calibration Method of the Geostationary Ocean Color Imager [J]. Geoscience and Remote Sensing, IEEE Transactions, 2010, 48 (12): 4322-4328. doi: 10. 1109/TGRS. 2010. 2050329.

[49] H R Gordon, and D J Castaño. Coastal Zone Color Scanner atmospheric correction algorithm: multiple scattering effects. Applied Optics, 1987, 26 (11): 2111-22.

[50] Howard R Gordon. In-orbit calibration strategy for ocean color sensors [J]. Remote Sens. Environ, 1998, 63 (3): 265-278.

[51] Howard R Gordon. In-orbit calibration strategy for ocean color sensors [J]. Remote Sensing of Environment, 1998, 63 (3): 265-278.

[52] Howard R Gordon, Dennis K Clark, James W Brown et al. Phytoplankton pigment concentrations in the Middle Atlantic Bight: comparison of ship determinations and CZCS estimates [J]. Applied optics, 1983, 22 (1): 20-36.

[53] S N Goward, G Chander, M Pagnutti et al. Complementarity of ResourceSat-1 AWiFS and Landsat TM/ETM+ sensors [J]. Remote Sensing of Environment, 2012, 123 (0): 41-56. doi: http://dx. doi. org/10. 1016/j. rse. 2012. 03. 002.

[54] Xianqiang He, Yan Bai, Delu Pan et al. Using geostationary satellite ocean color data to map the diurnal dynamics of suspended particulate matter in coastal waters [J]. Remote Sensing of Environment, 2013 (133): 225-239. doi: 10. 1016/j. rse. 2013. 01. 023.

[55] Xianqiang He, Yan Bai, Delu Pan et al. Using geostationary satellite ocean color data to map the diurnal dynamics of suspended particulate matter in coastal waters [J]. Remote Sensing of Environment, 2013, 133 (0): 225-239. doi: http://dx. doi. org/10. 1016/j. rse. 2013. 01. 023.

[56] Dennis L Helder, Bikash Basnet and Daniel L Morstad. Optimized identification of worldwide radiometric pseudo-invariant calibration sites [J]. Can. J. Rem. Sens, 2010, 36 (5): 527-539. doi: 10. 5589/m10-085.

[57] Soe Hlaing, Alexander Gilerson, Robert Foster et al. Radiometric calibration of ocean color satellite sensors using AERONET-OC data [J]. Opt. Express, 2014, 22 (19): 23385-23401. doi: 10. 1364/OE. 22. 023385.

[58] Soe Hlaing, Tristan Harmel, Alexander Gilerson et al. Evaluation of the VIIRS ocean color monitoring performance in coastal regions [J]. Remote Sensing of Environment, 2013, 139 (0): 398-414. doi: http://dx. doi. org/10. 1016/j. rse. 2013. 08. 013.

[59] N Christina Hsu, SiChee Tsay, Michael D King. Deep blue retrievals of Asian aerosol properties during ACE-Asia [J]. IEEE Trans. Geosci. Rem. Sens, 2006, 44 (11): 3180-3195.

[60] C M Hu, and C F Le. Ocean Color Continuity FromVIIRS Measurements Over Tampa Bay [J]. IEEE Geoscience and Remote Sensing Letters, 2014, 11 (5): 945-949. doi: 10. 1109/lgrs. 2013. 2282599.

[61] C M Hu, Z P Lee, R H Ma et al. Moderate Resolution Imaging Spectroradiometer (MODIS) observations of cyanobacteria blooms in Taihu Lake, China [J]. Journal of Geophysical Research-Oceans, 2010: 115. doi: 10. 1029/2009jc005511.

[62] Chuanmin Hu, Lian Feng, Zhongping Lee et al. Dynamic range and sensitivity requirements of satellite ocean color sensors: learning from the past [J]. Applied Optics, 2012, 51 (25): 6045-6062.

[63] Chuanmin Hu, Frank E Muller-Karger, Serge Andrefouet et al. Atmospheric correction and cross-calibration of LANDSAT-7/ETM + imagery over aquatic environments: A multiplatform approach using SeaWiFS/MODIS [J]. Remote Sensing of Environment, 2001, 78 (1): 99-107.

[64] Xiuqing Hu, Jingjing Liu, Ling Sun et al. Characterization of CRCS Dunhuang test site and vicarious calibration utilization for Fengyun (FY) series sensors [J]. Can. J. Rem. Sens, 2010, 36 (5): 566-582. doi: 10. 5589/m10-087.

[65] Xiuqing Hu, Yuxiang Zhang, Zhiquan Liu et al. Optical characteristics of China Radiometric Calibration Site for Remote Sensing Satellite Sensors (CRCSRSSS) [C]. In Second International Asia-Pacific Symposium on Remote Sensing of the Atmosphere, Environment, and Space: International Society for Optics and Photonics, 2001.

[66] IOCCG. Status and plans for satellite ocean-colour missions: considerations for complementary missions [R]. Reports of the International Ocean-Colour Coordinating Group (2), 1999.

[67] IOCCG. Remote Sensing of Ocean Colour in Coastal, and Other Optically-Complex, Waters [R]. IOCCG Dartmouth, Canada, 2000.

[68] IOCCG. Ocean-Colour Observations from a Geostationary Orbit [R]. IOCCG Dartmouth, Canada, 2013.

[69] IOCCG. Mission Requirements for Future Ocean-Colour Sensors [R]. IOCCG Dartmouth, Canada, 2013.

[70] Bo Jiang, Shunlin Liang, John R Townshend et al. Assessment of the Radiometric Performance of Chinese HJ-1 Satellite CCD Instruments [J]. IEEE J-STARS, 2013, 6 (2): 840-850.

[71] Hongbo Jiang, Qiming Qin, Jun Li et al. Validation for the absolute radiometric calibration of the HJ-1B CCD sensors of China [R]. Paper read at Geoscience and Remote Sensing Symposium (IGARSS), 2010 IEEE International, 2010.

[72] Xing-wei Jiang, Sheng-li Niu, Jun-wu Tang et al. The system cross-calibration between SeaWiFS and HY-1 COCTS [J]. JOURNAL OF REMOTE SENSING-BEIJING, 2005, 9 (6): 680.

[73] Junchang Ju, Sucharita Gopal and Eric D Kolaczyk. On the choice of spatial and categorical scale in remote sensing land cover classification. Remote Sensing of Environment, 2005, 96 (1): 62-77.

[74] S M Kloiber, P L Brezonik and M E Bauer. Application of Landsat imagery to regional-scale assessments of lake clarity [J]. Water Research, 2002, 36 (17): 4330-4340. doi: 10. 1016/s0043-1354 (02) 00146-x.

[75] D Koslowsky. 1997. Signal degradation of the AVHRR shortwave channels of NOAA 11 and NOAA 14 by daily monitoring of desert targets. Aav. Space. Res no. 19 (9): 1355-1358.

[76] Svetlana Y. Kotchenova, Eric F Vermote, Raffaella Matarrese et al. Validation of a vector version of the 6S radiative transfer code for atmospheric correction of satellite data. Part I: Path radiance [J]. Appl. Opt, 2006, 45 (26): 6762-6774. doi: 10. 1364/AO. 45. 006762.

[77] R Latifovic, D Pouliot and C Dillabaugh. Identification and correction of systematic error in NOAA AVHRR long-term satellite data record [J]. Remote Sensing of Environment, 2012, 127: 84-97. doi: 10. 1016/j. rse. 2012. 08. 032.

[78] Rasim Latifovic, Josef Cihlar and Jing Chen. A comparison of BRDF models for the normalization of satellite optical data to a standard Sun-target-sensor geometry [J]. IEEE Trans. Geosci. Rem. Sens, 2003, 41 (8): 1889-1898. doi: 10. 1109/TGRS. 2003. 811557.

[79] Boram Lee, Jae Hyun Ahn, Young-Je Park et al. Turbid water atmospheric correction for GOCI: Modification of MUMM algorithm [J]. Korean Journal of Remote Sensing, 2013, 29 (2): 173-182.

[80] Zhongping Lee, Chuanmin Hu, Robert Arnone et al. Impact of sub-pixel variations on ocean color remote sensing products [J]. Optics express, 2012, 20 (19): 20844-20854.

[81] Zhongping Lee, Mingshun Jiang, Curtiss Davis et al. Impact of multiple satellite ocean color samplings in a day on assessing phytoplankton dynamics [J]. Ocean Science Journal, 2012, 47 (3): 323-329. doi: 10. 1007/s12601-012-0031-5.

[82] Guoqing Li, Xiaobing Li, Guoming Li et al. Comparison of Spectral Characteristics Between China HJ1-CCD and Landsat 5 TM Imagery [J]. Selected Topics in Applied Earth Observations and Remote Sensing, IEEE Journal, 2103, 6 (1): 139-148.

[83] Xia Li, Xiangao Xia, Shengli Wang et al. Validation of MODIS and Deep Blue aerosol optical depth retrievals in an arid/semi-arid region of northwest China [J]. Particuology, 2012, 10 (1): 132-139. doi: http: //dx. doi. org/10. 1016/j. partic. 2011. 08. 002.

[84] Yingjie Li, Yong Xue, Xingwei He et al. High-resolution aerosol remote sensing retrieval over urban areas by synergetic use of HJ-1 CCD and MODIS data [J]. Atmos. Environ, 2012 (46): 173-180. doi: 10. 1016/j. atmosenv. 2011. 10. 002.

[85] N G Loeb. In-flight calibration of NOAA AVHRR visible and near-IR bands over Greenland and Antarctica [J]. International Journal of Remote Sensing, 1997, 18 (3): 477-490.

[86] Xiulin Lou and Chuanmin Hu. Diurnal changes of a harmful algal bloom in the East China

Sea: Observations from GOCI [J]. Remote Sensing of Environment, 2014, 140 (0): 562-572. doi: http: //dx. doi. org/10. 1016/j. rse. 2013. 09. 031.

[87] Brian L Markham and Dennis L Helder. Forty-year calibrated record of earth-reflected radiance from Landsat: A review [J]. Remote Sensing of Environment, 2012, 122 (0): 30-40. doi: http: //dx. doi. org/10. 1016/j. rse. 2011. 06. 026.

[88] Harry M Markowitz. Portfolio selection: efficient diversification of investments. Vol. 16: Yale university press.

[89] Curtis D Mobley. Estimation of the remote-sensing reflectance from above-surface measurements [J]. Applied Optics, 1999, 38 (36): 7442-7455.

[90] Jeong-Eon Moon, Young-Je Park, Joo-Hyung Ryu et al. Initial Validation of GOCI Water Products against in situ Data Collected around Korean Peninsula for 2010-2011 [J]. Ocean Science Journal, 2012, 47 (3): 261-277. doi: 10. 1007/s12601-012-0027-1.

[91] Anclré Morel and Louis Prieur. Analysis of variations in ocean color [J]. Limnology and oceanography, 1977, 22 (4): 709-722.

[92] C B Mouw, S Greb, D Aurin, et al. Optical remote sensing of coastal and inland waters: Challenges and recommendations for future satellite missions. Remote Sensing of Environment no. in revision.

[93] G Neukermans, K G Ruddick and N Greenwood. Diurnal variability of turbidity and light attenuation in the southern North Sea from the SEVIRI geostationary sensor [J]. Remote Sensing of Environment, 2012 (124): 564-580. doi: 10. 1016/j. rse. 2012. 06. 003.

[94] John E O'Reilly, Stephane Maritorena, B Greg Mitchell, et al. Ocean color chlorophyll algorithms for Sea WiFS [J]. Journal of Geophysical Research: Oceans (1978-2012), 1998, 103 (C11): 24937-24953.

[95] L G Olmanson, M E Bauer and P L Brezonik. A 20-year Landsat water clarity census of Minnesota's 10, 000 lakes [J]. Remote Sensing of Environment, 2008, 112 (11): 4086-4097. doi: 10. 1016/j. rse. 2007. 12. 013.

[96] Leif G Olmanson, Patrick L Brezonik and Marvin E Bauer. Evaluation of medium to low resolution satellite imagery forregional lake water quality assessments [J]. Water Resources Research, 2011, 47 (9): W09515. doi: 10. 1029/2011WR011005.

[97] N Pahlevan, and J R Schott. Characterizing the relative calibration of Landsat-7 (ETM+) visible bands with Terra (MODIS) over clear waters: The implications for monitoring water resources [J]. Remote Sens. Environ, 2012 (125): 167-180. doi: 10. 1016/j. rse. 2012. 07. 013.

[98] Nima Pahlevan, Zhongping Lee, Chuanmin Hu et al. Diurnal remote sensing of coastal/ oceanic waters: a radiometric analysis for Geostationary Coastal and Air Pollution Events [J]. Applied Optics, 2014, 53 (4): 648-665. doi: 10. 1364/AO. 53. 000648.

[99] Nima Pahlevan, Zhongping Lee, Jianwei Wei et al. On-orbit radiometric characterization of

OLI（Landsat-8）for applications in aquatic remote sensing［J］. Remote Sensing of Environment, 2014, 154（0）: 272-284. doi: http: //dx. doi. org/10. 1016/j. rse. 2014. 08. 001.

［100］ Delu Pan, Xianqiang He and Qiankun Zhu. In-orbit cross-calibration of HY-1A satellite sensor COCTS［J］. Chinese Science Bulletin, 2004, 49（23）: 2521-2526.

［101］ Jean-Louis Roujean, Marc Leroy and Pierre-Yves Deschamps. A bidirectional reflectance model of the Earth's surface for the correction of remote sensing data［J］. J. Geophys. Res, 1992, 97（D18）: 20455-20468.

［102］ Kevin Ruddick, Quinten Vanhellemont, Jing Yan et al. Variability of Suspended Particulate Matter in the Bohai Sea from the Geostationary Ocean Color Imager（GOCI）［J］.Ocean Science Journal, 2012, 47（3）: 331-345. doi: 10. 1007/s12 601-012-0032-4.

［103］ B Saulquin, F Gohin and R Garrello. Regional Objective Analysis for Merging High-Resolution MERIS, MODIS/Aqua, and SeaWiFS Chlorophyll-a Data From 1998 to 2008 on the European Atlantic Shelf［J］. Geoscience and Remote Sensing, IEEE Transactions, 2011, 49（1）: 143-154. doi: 10. 1109/TGRS. 2010. 2052813.

［104］ A M Sayer, N C Hsu, C Bettenhausen et al. Validation and uncertainty estimates for MODIS Collection 6 "Deep Blue" aerosol data［J］. J. Geophys. Res, 2013, 118（14）: 7864-7872. doi: 10. 1002/jgrd. 50600.

［105］ W Shi, M H Wang and L D Jiang. Spring-neap tidal effects on satellite ocean color observations in the Bohai Sea, Yellow Sea, and East China Sea［J］. Journal of Geophysical Research-Oceans, 2011, 116. doi: 10. 1029/2011jc007234.

［106］ Y Shi, J Zhang, J S Reid et al. Critical evaluation of the MODIS Deep Blue aerosol optical depth product for data assimilation over North Africa［J］. Atmos. Meas. Tech, 2012, 5（5）: 7815-7865. doi: 10. 5194/amtd-5-7815-2012.

［107］ Dave L Smith, Chris T Mutlow and C R Nagaraja Rao. Calibration monitoring of the visible and near-infrared channels of the Along-Track Scanning Radiometer-2 by use of stable terrestrial sites［J］. Appl. Opt, 2002, 41（3）: 515-523. doi: 10. 1364/AO. 41. 000515.

［108］ M Stellmes, T Udelhoven, A Röder, R et al. Dryland observation at local and regional scale — Comparison of Landsat TM/ETM+ and NOAA AVHRR time series［J］. Remote Sensing of Environment, 2010, 114（10）: 2111-2125. doi: http: //dx. doi. org/10. 1016/j. rse. 2010. 04. 016.

［109］ Ling Sun, Xiuqing Hu, Maohua Guo et al. Multisite Calibration Tracking for FY-3A MERSI Solar Bands［J］. IEEE Trans. Geosci. Rem. Sens, 2012, 50（12）: 4929-4942. doi: 10. 1109/tgrs. 2012. 2215613.

［110］ P M Teillet, P N Slater, Y Ding et al. Three methods for the absolute calibration of the NOAA AVHRR sensors in-flight［J］. Remote sensing of Environment, 1990, 31（2）:

105-120.

[111] K J Thome. Absolute radiometric calibration of Landsat 7 ETM+ using the reflectance-based method [J]. Remote Sensing of Environment, 2001, 78 (1): 27-38.

[112] Kurtis J Thome, Dennis L Helder, D Aaron et al. Landsat-5 TM and Landsat-7 ETM+ absolute radiometric calibration using the reflectance-based method [J]. Geoscience and Remote Sensing, IEEE Transactions, 2004, 42 (12): 2777-2785.

[113] Paul Treitz and Philip Howarth. High spatial resolution remote sensing data for forest ecosystem classification: an examination of spatial scale [J]. Remote sensing of Environment, 2000, 72 (3): 268-289.

[114] E Ucuncuoglu, O Arli and A H Eronat. Evaluating the impact of coastal land uses on water-clarity conditions from Landsat TM/ETM+ imagery: Candarli Bay, Aegean Sea [J]. International Journal of Remote Sensing, 2006, 27 (17): 3627-3643. doi: 10. 1080/01431160500500326.

[115] Quinten Vanhellemont, Griet Neukermans and Kevin Ruddick. Synergy between polar-orbiting and geostationary sensors: Remote sensing of the ocean at high spatial and high temporal resolution [J]. Remote Sensing of Environment, 2014, (0). doi: http: //dx. doi. org/10. 1016/j. rse. 2013. 03. 035.

[116] E F Vermote and N Z Saleous. Calibration of NOAA16 AVHRR over a desert site using MODIS data [J]. Remote Sensing of Environment, 2006, 105 (3): 214-220. doi: 10. 1016/j. rse. 2006. 06. 015.

[117] Dongdong Wang, Douglas Morton, Jeffrey Masek et al. Impact of sensor degradation on the MODIS NDVI time series [J]. Remote sensing of environment, 2012 (119): 55-61.

[118] M H Wang, S Son and W Shi. Evaluation of MODIS SWIR and NIR-SWIR atmospheric correction algorithms using SeaBASS data [J]. Remote Sensing of Environment, 2009, 113 (3): 635-644. doi: 10. 1016/j. rse. 2008. 11. 005.

[119] Menghua Wang. The Rayleigh lookup tables for the SeaWiFS data processing: accounting for the effects of ocean surface roughness [J]. International Journal of Remote Sensing, 2002, 23 (13): 2693-2702.

[120] Menghua Wang. A refinement for the Rayleigh radiance computation with variation of the atmospheric pressure [J]. International journal of remote sensing, 2005, 26 (24): 5651-5663.

[121] Menghua Wang. Remote sensing of the ocean contributions from ultraviolet to near-infrared using the shortwave infrared bands: simulations. Applied Optics, 2007, 46 (9): 1535-1547.

[122] Menghua Wang, Jae-Hyun Ahn, Lide Jiang et al. Ocean color products from the Korean Geostationary Ocean Color Imager (GOCI) [J]. Optics Express, 2013, 21 (3): 3835-3849. doi: 10. 1364/OE. 21. 003835.

［123］ Qiao Wang, ChuanQing Wu, Qing Li et al. Chinese HJ-1A/B satellites and data characteristics ［J］. Sci. China Earth Sci, 2010, 53 (1): 51-57.

［124］ Zhongting Wang, Qing Li, Shenshen Li et al. The Monitoring of Haze from HJ-1 ［J］. Spectrosc. Spect. Aanl, 2012, 32 (3): 775-780. doi: 10. 3964/j. issn. 1000-0593 (2012) 03-0775-06.

［125］ Zuo Wang, PengFeng Xiao, XingFa Gu et al. Uncertainty analysis of cross-calibration for HJ-1 CCD camera ［J］. Sci. China Technol. Sci, 2013, 56 (3): 713-723.

［126］ Magnus Wettle, Vittorio E Brando and Arnold G Dekker. A methodology for retrieval of environmental noise equivalent spectra applied to four Hyperion scenes of the same tropical coral reef ［J］. Remote Sensing of Environment, 2004, 93 (1-2): 188-197. doi: http: //dx. doi. org/10. 1016/j. rse. 2004. 07. 014.

［127］ Curtis E. Woodcock and Alan H Strahler. The factor of scale in remote sensing ［J］. Remote Sensing of Environment, 1987, 21 (3): 311-332. doi: http: //dx. doi. org/ 10. 1016/0034-4257 (87) 90015-0.

［128］ Curtis E. Woodcock, Alan H Strahler and David L B Jupp. The use of variograms in remote sensing: I. Scene models and simulated images. Remote Sensing of Environment, 1988, 25 (3): 323-348. doi: http: //dx. doi. org/10. 1016/0034-4257 (88) 90108-3.

［129］ Guofeng Wu, Lijuan Cui, Hongtao Duan et al. Absorption and backscattering coefficients and their relations to water constituents of Poyang Lake, China ［J］. Applied Optics, 2011, 50 (34): 6358-6368.

［130］ Z X Wu, Lai, L Zhang et al. Phytoplankton chlorophyll a in Lake Poyang and its tributaries during dry, mid-dry and wet seasons: a 4-year study ［J］. Knowledge and Management of Aquatic Ecosystems, 2014 (412): 06.

［131］ Zhaoshi Wu, Hu He, Yongjiu Cai et al. Spatial distribution of chlorophyll a and its relationship with the environment during summer in Lake Poyang: a Yangtze-connected lake ［J］. Hydrobiologia, 2014, 732 (1): 61-70. doi: 10. 1007/s10750-014-1844-2.

［132］ Xiaoling Chen, Li Yok Shueng, Liu Zhigang et al. Integration of multi-source data for water quality classification in the Pearl River estuary and its adjacent coastal waters of Hong Kong ［J］. Continental Shelf Research. doi: 10. 1016/j. csr. 2004. 06. 010.

［133］ Yong Xie, Yan Zhang, Xiaoxiong Xiong et al. Validation of MODIS aerosol optical depth product over China using CARSNET measurements ［J］. Atmos. Environ, 2011, 45 (33): 5970-5978. doi: http: //dx. doi. org/10. 1016/j. atmosenv. 2011. 08. 002.

［134］ Wen Xu, Jianya Gong and Mi Wang. Development, application, and prospects for Chinese land observation satellites ［J］. Geo-spatial Information Science, 2014, 17 (2): 102-109.

［135］ Zhifeng Yu, Xiaoling Chen, Bin Zhou et al. Assessment of total suspended sediment concentrations in Poyang Lake using HJ-1A/1B CCD imagery ［J］. Chinese Journal of

Oceanology and Limnology, 2012, 30 (2): 295-304.

[136] Minwei Zhang, Qing Dong, Tingwei Cui et al. Suspended sediment monitoring and assessment for Yellow River estuary from Landsat TM and ETM+ imagery [J]. Remote Sensing of Environment, 2014, 146 (0): 136-147. doi: http://dx. doi. org/10. 1016/j. rse. 2013. 09. 033.

[137] Minwei Zhang, Junwu Tang, Qing Dong et al. Atmospheric correction of HJ-1 CCD imagery over turbid lake waters [J]. Optics Express, 2004, 22 (7): 7906-7924. doi: 10. 1364/OE. 22. 007906.

[138] Zhiguo Zhang, Yuxiang Qiu, Kangmu Hu et al. Radiometric calibration on orbit for FY-2B meteorological satellite's visible channels with the radiometric calibration site of Dunhuang [J]. J. Appl. Meteor, 2004, 3: 001.

[139] D H Zhao, Y Cai, H Jiang et al. Estimation of water clarity in Taihu Lake and surrounding rivers using Landsat imagery [J]. Advances in Water Resources, 2011, 34 (2): 165-173. doi: 10. 1016/j. advwatres. 2010. 08. 010.

[140] Giuseppe Zibordi, Frédéric Mélin, Kenneth J Voss et al. System vicarious calibration for ocean color climate change applications: Requirements for in situ data [J]. Remote Sensing of Environment (0). doi: http://dx. doi. org/10. 1016/j. rse. 2014. 12. 015.

[141] 陈军, 丰佳佳, 温珍河, 等. 悬浮泥沙浓度反演不均一像元尺度误差 [J]. 遥感信息, 2008 (5): 8-11.

[142] 陈军, 王伟财, 王保军, 等. 悬浮泥沙浓度分布方差与尺度修正——八邻域算法 [J]. 红外与毫米波学报, 2010, 29 (6): 440-444.

[143] 陈云, 戴锦芳. 基于遥感数据的太湖蓝藻水华信息识别方法 [J]. 湖泊科学, 2008, 20 (2): 179-183.

[144] 李小文, 王祎婷. 定量遥感尺度效应刍议 [J]. 地理学报, 2013 (9): 002.

[145] 马荣华, 唐军武, 段洪涛. 湖泊水色遥感研究进展 [J]. 湖泊科学, 2009, 21 (2): 143-158.

[146] 唐军武, 顾行发, 牛生丽, 等. 基于水体目标的 CBERS-02 卫星 CCD 相机与 MODIS 的交叉辐射定标 [J]. 中国科学 (E 辑), 2006, 35 (B12): 59-69.

[147] 唐军武, 田国良, 汪小勇, 等. 水体光谱测量与分析 I: 水面以上测量法 [J]. 遥感学报, 2004, 8 (1): 37-44.